材料科学与工程高新科技译丛

U0161728

# 天然和工业多孔材料的结构与特征

[英]肖恩·帕特里克·里格比　著

朱庆霞　马小华　陈华艳　译

中国纺织出版社有限公司

# 内 容 提 要

本书主要介绍了多孔材料结构表征技术，包括气体吸附、汞孔隙率、热计量、核磁共振和成像方法，并阐述了每种表征技术的基本理论，讨论了复杂工业样品所用的实验和数据分析方法。本书从实际工业材料的案例研究入手，面向工业从业者和研究人员，对催化剂、石油和天然气行业，以及电池、燃料电池、组织工程支架和药物输送设备等领域出现的有关多孔材料的问题进行分析和解答。

本书适合从事多孔材料研究和应用领域的科研人员使用，也可供相关方向的技术人员参考。

First published in English under the title
Structural Characterisation of Natural and Industrial Porous Materials：A Manual
by Sean Rigby，edition：1
Copyright ⓒ Springer Nature Switzerland AG，2020
This edition has been translated and published under licence from
Springer Nature Switzerland AG.
本书中文简体版经 Springer Nature Switzerland AG. 授权，由中国纺织出版社有限公司独家出版发行。本书内容未经出版者书面许可，不得以任何方式或手段复制、转载或刊登。
著作权合同登记号：图字：01-2023-2444

## 图书在版编目（CIP）数据

天然和工业多孔材料的结构与特征／（英）肖恩·帕特里克·里格比（Sean Patrick Rigby）著；朱庆霞，马小华，陈华艳译. -- 北京 ：中国纺织出版社有限公司，2024.6
（材料科学与工程高新科技译丛）
书名原文：Structural Characterisation of Natural and Industrial Porous Materials：A Manual
ISBN 978-7-5229-1544-9

Ⅰ.①天… Ⅱ.①肖… ②朱… ③马… ④陈… Ⅲ.①多孔性材料-研究 Ⅳ.①TB383

中国国家版本馆 CIP 数据核字（2024）第 061164 号

责任编辑：陈怡晓 责任校对：高 涵 责任印制：王艳丽

中国纺织出版社有限公司出版发行
地址：北京市朝阳区百子湾东里 A407 号楼 邮政编码：100124
销售电话：010—67004422 传真：010—87155801
http：//www. c-textilep. com
中国纺织出版社天猫旗舰店
官方微博 http：//weibo. com/2119887771
三河市宏盛印务有限公司印刷 各地新华书店经销
2024 年 6 月第 1 版第 1 次印刷
开本：710×1000 1/16 印张：11. 25
字数：190 千字 定价：168. 00 元

凡购本书，如有缺页、倒页、脱页，由本社图书营销中心调换

# 目　录

# 第1章

# 引言

本书主要介绍了表征多孔固体材料的各种方法，并假设读者已具备典型理工科专业人员已掌握几何、物理和化学的基础知识。

## 1.1 多孔材料介绍

多孔材料是一类内部有孔的固体物质。一般认为，这些内部孔洞是材料的空隙。多孔材料无处不在，包括盖房子用的建筑材料和脚下的岩石。多孔材料在现代许多高科技应用中起着关键作用。通常组成多孔材料空隙的孔太小而不易被目测感知，因此，必须应用技术以某种方式使孔由不可见变得可见。材料内部孔道的形态和样式往往非常复杂，因此，第一步是要开发出一种方法来进行孔的分类和描述，进而理解发生在孔处的物理—化学过程。形成孔壁的物质很多而且种类各异，包括催化剂、吸附剂、岩石、组织支架和药物输送装置。本书主要讨论具有刚性骨架的孔道结构。但是也涉及一些能发生弹性变形的孔道有关的问题。表 1.1 列出了一些多孔材料的常用术语及其定义。此外，更多的与特定方法相关的术语将会在后面的章节中介绍。

表 1.1  多孔材料的常用术语及其定义

| 术语 | 定义 |
| --- | --- |
| 孔 | 物质内部空隙空间组成的基本单位 |
| 总体积 | 多孔材料所占的体积 |
| 孔隙率（或空隙率） | 多孔材料内部空隙体积与总体积的比值 |
| 开口气孔率 | 与外界相连通的贯通孔的比例 |
| 闭口气孔率 | 与外界不相连通的孔的比例 |
| 通孔 | 两端相连的孔隙 |

| 术语 | 定义 |
|------|------|
| 颈部 | 具有一定长度的两个孔隙之间的狭窄连接区域 |
| 窗口 | 两个孔之间的狭窄接合 |
| 孔结构主体 | 由狭窄或者相对较宽的通道连接起来的空隙构成的广泛空间 |
| 吸附作用 | 指各种气体、蒸气以及溶液里的溶质被吸附在固体或液体物质表面上的作用，包括吸附和解吸 |
| 墨水瓶状孔 | 一种孔的排列形式，通过一段狭窄的颈部进入大孔体的孔结构 |
| 微孔 | 孔径尺寸<2nm 的孔 |
| 介孔 | 孔径尺寸>2nm，且<50nm 的孔 |
| 大孔 | 孔径尺寸>50nm 的孔 |
| 孔隙配位数 | 在一个节点上相连的孔数 |
| 孔的连通性 | 整个网络的平均孔隙配位数 |

# 1.2 多孔材料的表征

多孔固体材料的表征与其他学科一样，在与表征技术相关的物理现象和多孔结构中寻找规律和模式。和其他学科一样，孔也是从分类方法开始，如将一个通过一段狭窄的颈部进入大孔体的孔结构称为"墨水瓶孔"。通过表征再观察这种常见的空隙结构是如何通过不同实验技术的原始数据集中表现出来的。表征学科还在寻找各种不同的实验技术所特有的、未知的物理效应，然后，考虑将这些效应应用于数据的解释，甚至将这些效应转化为分析多孔结构潜在信息的工具。在其他科学中，这种认知导致了从某种意义上，通过控制特性实验的智能设计，可避免或利用这一物理现象。

与其他科学一样，表征学科也可以引入对称性，以简化原本棘手的复杂问题。假设在完全随机的条件下，一类对称是其中空隙空间的一个区域，可以转换为另一个区域的位置，而空隙空间看起来（在统计学上）仍然是一样的，这对应于平移对称。这种情况可能意味着忽略了空隙空间的某些（二阶）特征。于是研究人员有了构建科学模型的想法，借助模型表征产物是构建一个比真实简单得多的结构，而不是空隙空间的完整复制。多孔固体的表征本质上是一种关于空隙空间结构的理论。因此，它不仅必须追溯（即"保存外观"）用于开发的特征数据，还必须对新数据做出成功的、新的预测。这本书将以新实验方法的形式给出一系列新的预测。

　　本书涵盖多种不同的表征方法，试图实现每种方法理论之间的一致性，以及对空隙本质及其描述结果的一致性。每种方法都有各自的优缺点，可以相互补充。本书的一个关键内容是第 6 章综合实验方法，它试图将不同的技术紧密结合在一起，有助于实现对所有数据有一个整体、一致的把握。

# 1.3　孔的定义

　　组成多孔材料空隙的孔是指在总体积之内的固体粒子外几何表面围起的内部自由空间。空隙有不同的几何和拓扑形式。为了区分这些形式，并最终理解空隙孔之间的差异如何影响物理过程，有必要对给定孔的特征进行描述。空隙的几何形状可能非常复杂，因此，将其分割成更小的组成部分是一种简化描述的方法。孔是较大空隙空间的一部分，它可以以某种客观的方式与空隙空间的其余部分区分开来。虽然孔隙表征方法都以某种方式分割整体空间，但它们的方式不一定相同。分割方法的不唯一性造成了孔的模糊性。

　　当固相本身被分割成完全不相连、孤立、易被识别为独立孔的部分时，可能会出现最明确的空隙分割。例如，观察泡沫结构的横截面，可以很容易地区分出孤立的、类似气泡的孔（图 1.1）。

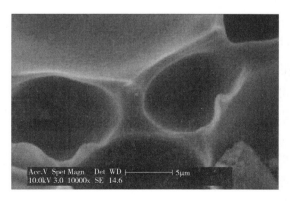

图 1.1　陶瓷泡沫结构的扫描电镜图像

## 1.3.1　二氧化硅

随着聚合物模板制备沉积二氧化硅的发展，可以在一定程度上控制空隙的形状。例如，在溶液中圆柱形棒状的表面活性剂聚合物模板，可以用来制造具有由平行、规则圆柱状有序孔构成的多孔二氧化硅，被称为 MCM-41 或 SBA-15 的材料，图 1.2 为这种多孔材料的透射电镜图像。

（a）孔隙　　　　　　　　　　　　　（b）轴向截面

图 1.2　SBA-15 模板二氧化硅的透射电镜图像

粗看图 1.2 中空隙由圆柱形孔元素组成，可以在图像中很容易地用肉眼识别。图 1.2（a）显示近圆形孔口接六边形规则排列。图 1.2（b）显示了孔道的轴向横截面。作为一个规则的圆柱体阵列，孔可以用欧几里得几何来描述。因此，圆柱形孔具有特定的直径和长度，并将根据特定的孔隙轴向间距和连接相邻孔隙的中心线之间的角度相对排列。

然而，仔细观察图 1.2 可以看到孔并不是完美的圆柱体，因为圆形孔口有一定的变形，并且沿孔壁长度有一定的波动。因此，这些图像表明，对空隙孔的描述取决于观察的水平。为了将图像中观察到的其他特征纳入多孔介质的描述中，需要附加参数。包括用偏心度来描述孔口和横截面的偏差，以及用振幅和波长来描述孔壁沿其长度的波动（如果是周期性的）。

不同类型的孔描述方法也不同。根据特定紧密几何堆积（如简单的立方或密排六方堆积）形式，使用在溶液中堆积成均匀球状的聚合物模板，能合成另一种模板硅。模板硅里面的孔隙是由球形孔体有序排列而成，并由位于聚合物模板球接触点的狭窄窗口（没有长度）或颈部（具有一定长度）连接。这种规则的欧几里得几何结构可以用欧几里得参数来描述，如孔径、窗径和孔中心到中心的间距。这种结构类型如图 1.3 所示，图像中心的方形白点阵列对应于由聚合物模板形成的孔体（随后会进行去除）。

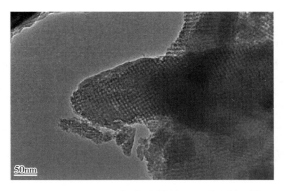

图 1.3　SBA-16 二氧化硅材料的透射电镜图像

　　然而，仔细观察图 1.3 中的图像，会发现与上述欧几里得几何学有一些偏差。孔隙的大小和形状的相似程度与理想球体（称为球形）存在差异。孔隙的表面很粗糙，不像欧几里得球体那样光滑。孔隙体尺寸的分布可以用孔隙体积或数量加权的概率密度函数（PDF）来描述。反过来，这种 PDF 可以通过描述性统计数据的标准来表征，如平均值、标准差、偏度和峰度。

## 1.3.2　可控孔隙玻璃

　　有些空隙孔是无序和不均匀的。最初，它们似乎无法与简单的欧几里得形状进行描述，如图 1.4 所示的可控孔隙玻璃（CPG）。

　　CPG 有粗糙、管状、蠕虫状的气孔，这些气孔可以随意扭曲和交叉。然而，任何曲线，无论多么曲折，都可以将其分割为越来越短的部分就近观察，使其看起来像一条直线。那么如果选择一个长度足够短和忽略小范围的表面粗糙的部分，CPG 孔看起来就像圆柱孔。这种将部分空隙孔抽象为一个更简单图元的过程被称为孔隙结构建模，将圆柱体看作孔隙模型。通过使用更复杂的几何系统和数学对象结合更多的真实孔隙结构特征，会增加孔隙结构建模的复杂性。如后文 1.4 节所述，有几种不同的方法可以构建孔隙模型。

　　数学模型在孔的现实学和现象学之间架起了桥梁。图 1.4 为可控孔隙玻璃的扫描电镜图，现实学认为孔直接对应于真实空隙的特定位置，如图 1.4（b）中圆柱形孔隙模型所示，圆柱体代表可能的孔隙区域。在现实学中，孔隙是通过真实空隙几何学的某些方面来挑选出来的，如特征形状或直径的变化。然而，通过在空隙的特定区域内发生物理过程而挑选或识别出孔隙的方法，称为现象学方法。这个物理过程可能是蒸汽的凝结或非润湿流体的侵入。当该过程的控制变量，如蒸汽压力达到一个特定的值时，该物理过程将发生在特定的孔中。这样每个孔都与过程控制变量的特定值相关联。正如后文所介绍的，控制变量的值可以与一个几何参数相关，该几何参数被假定为与真实的空隙孔的特性相关。但严格地说，它只与理论、数学上的模型有关，该模型可能与真实的空隙孔有不同程度的相似性。这是因为控制变量和几何参数之间的关系是对物理过程的简化的理论描述获得的，往往忽略了真实孔隙的一些几何特征，如表面粗糙度，并且物理过程与空隙孔的几何参数可能没有简单的单调关系。这些将在后面的章节中更详细地讨论。

（a）可控孔隙玻璃样品（标称孔径为  （b）单个孔隙的近景和模型
55nm）的扫描电镜图像

图 1.4　可控孔隙玻璃的扫描电镜图

# 1.4　空位描述符

国际理论化学与应用化学学会（IUPAC）提出了一种孔隙大小的分类方法，至今仍被广泛使用（Thommes et al.，2015）。将最小特征尺寸小于 2nm 的孔定义为微孔，尺寸介于 2～50nm 的孔定义为介孔，尺寸大于 50nm 的孔定义为大孔。

表征多孔材料的参数被称为空位描述符，通常分为两大类，即统计和几何拓扑。如 1.3 节所述，几何描述符来自几何的数学图式，如欧几里得几何学。

Gelb 和 Gubbins（1999）提出了孔径分布（PSD）的几何定义。如图 1.5 所示，他们认为该定义的基础是对不同半径球体可达的系统子体积。$V_{Pore}(r)$ 被定义为半径为 $r$ 或更小的球体可覆盖的空隙空间的体积。因此，根据 PSD 的直接定义，导数 $-\mathrm{d}V_{pore}(r)/\mathrm{d}r$ 是半径为 $r$ 的球体所覆盖的空隙体积分数，而不是半径为 $r+\mathrm{d}r$ 的球体所覆盖的空隙体积分数。点 $X$ 只能被最小的（实心）圆覆盖，

点 $Y$ 可以被最小和中型（虚线）圆覆盖，而点 $Z$ 可以被所有三个圆覆盖。通过确定空隙体积中每个点的最大覆盖圆，得到了一个累积的孔隙体积曲线。

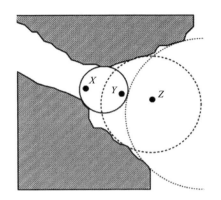

图 1.5    孔隙尺寸分布几何推导的二维说明

转载自 Gelb et al. ，1999 年，经美国化学学会许可。

对于无序固体，需要尝试量化其不均一性的程度。分形几何学已被用作尝试和实现这一目的。分形是指具有自相似性特殊性质物体，是 Avnir 在 1989 年提出的。自相似物体是由自身不同长度尺度上的重复副本组成的，副本要么是精确的，要么是统计的。分形物体的特征属性（如表面积）取决于用于测量它们的尺子（如量尺）的大小。分形描述在复杂的、非均匀的多孔固体方面的潜力将在第 2 和第 8 章中进行讨论。

对一个给定的空隙，最全面的统计记录应该是用足够小的单独的离散体积元素（体素）进行数字化，以获得所有的结构特征。整个多孔材料样品的二进制数集称为相函数 $Z(r)$，如果固体位于体素的位置向量 $r$ 处，则取值为零，如果体素对应于空隙，则取值为 1。虽然相函数比较全面，但很难对不同多孔固体进行快速简单的比较。

然而，相函数有一系列的力矩，这些力矩提供了描述符，可用于比较不同的多孔固体。相函数的一阶矩是多孔材料整个体积内的所有相函数平均值的简单算术平均值，由此得到的描述符称为孔隙率或空隙分数 $\varepsilon$：

$$\varepsilon = \overline{Z(r)} \tag{1.1}$$

二阶矩被称为密度相关函数，它表示在位移 $r$ 处从包含一个或另一个相位的给定体素中找到相同相位的概率。因此，它在位移为零时取 1。由式（1.2）给出：

$$R_Z(u) = \frac{\overline{[Z(r) - \varepsilon][Z(r+u) - \varepsilon]}}{\varepsilon - \varepsilon^2} \tag{1.2}$$

如果多孔结构是各向同性的，那么函数的值只取决于体素间位移 $r$ 的模量。如果不是，相关函数可以在不同的方向上采取不同的形式。对于完全随机的、各向同性的多孔结构，相关函数具有一个简单的指数形式：

$$R_Z(u) = \exp[-(u/\lambda)^\omega] \tag{1.3}$$

式中：$\omega$ 为指数，$\lambda$ 为特征长度尺寸。在图 1.6 中给出了一个用简单指数相关函数（其中 $\omega$ 为 1）创建的多孔结构的示例。图 1.6 和图 1.4 的比较表明，肉眼看统计上重建的多孔介质与真实的多孔材料非常相似。然而，严格地说，二阶矩不包含任何关于多孔材料的拓扑信息，且需要高阶矩来获得这些信息，这些矩往往难以测量。因此，其他拓扑描述符更常用。

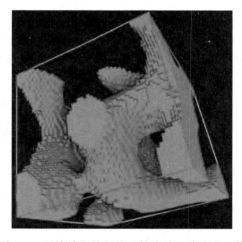

图 1.6　用简单指数相关函数统计重建多孔固体

如果忽略空隙的某些微观细节（如孔隙形状），则可以通过一些尚未公开的算法将空隙简化为数学对象，也就是一张图，如图 1.7 所示。该图由键连接的节点组成。在真实的多孔材料中，节点代表孔隙之间的连接。键或节点的一个基本属性是无论它们是否连接到其他键和节点，是保持隔离或断开。即使少数键和节点在局部上相互连接，形成一个局部集群，这个集群也可能与整个结构中其他键和节点断开连接。

多孔结构的连通性是指其元素之间的连接程度。对于一个多孔网络，它被简化为含 $n$ 个节点和 $b$ 个键的组，如图 1.7 所示，连通性的定量度量被称为第一贝

蒂数 $p_1$（Tsakiroglou et al.，2000）：

$$p_1 = b - n + p_0 \tag{1.4}$$

其中，$p_0$ 称为第零贝蒂数，值等于网络中未相连的数量。

图 1.7　一种多重连接的二维多孔结构（$G_{max} = 9$，$G_{min} = 1$）

转载自 Tsakiroglou et al.，2000 年，经 Elsevier 许可。

多孔材料中固体和空隙之间的界面形成一个多重连接的封闭表面，这个封闭表面连通性的直接度量是属（$G$）。属的定义为：在不将曲面分割成两个不相连部分的情况下，可以在曲面上进行的非自相交的切口数量（Tsakiroglou et al.，2000）。实际上，属等于由相同的多孔材料形成的键和节点图的第一贝蒂数。由于某些孔隙会在多孔颗粒的外表面被截断，在推导属或第一贝蒂数时存在复杂性。因此，对于真实材料来说，可以将属定义为包括或排除这些异常的表面孔隙。

第一贝蒂数或属具有尺度效应。由于 $n$ 和 $p$ 会增加，它也会随着孔隙网络的大小而增加。然而，随着晶格尺寸的增大，属常成为晶格尺寸的线性函数，可以将其描述符定义为特定属<$G$>，即单位体积的平均属。

在不太复杂的多孔介质描述中，在给定节点上相遇的孔隙键数称为（该节点的）孔隙配位数。如果孔隙配位数在整个网络内所有节点上取平均，则被称为孔的连通性。

在工业和自然界中遇到的复杂材料往往存在表征方面的问题，而标准的方法不一定能起作用或提供所需的信息。在这种情况下，需要制订特征化方案。在第 7 章和第 8 章，将通过一系列工业和天然材料的案例研究来说明这些问题。

# 参考文献

［1］ Avnir D（ed）（1989）The fractal approach to heterogeneous chemistry. Wiley，New York

［2］ Gelb LD，Gubbins KE（1999）Pore size distributions in porous glasses：a computer simulation study. Langmuir 15：305-308

［3］ Thommes M，Katsumi K，Neimark AV et al（2015）Physisorption of gases，with special reference to the evaluation of surface area and pore size distribution（IUPAC technical report）. Pure Appl Chem 87（9-10）：1051-1069

［4］ Tsakiroglou CD，Payatakes AC（2000）Characterization of the pore structure of reservoir rocks with the aid of serial sectioning analysis，mercury porosimetry and network simulation. Adv Wat Res 23（7）：773-789

# 第2章

# 气体吸附

## 2.1 基础理论

吸附是指当流体与固体（吸附剂）直接接触时，流体中的分子（吸附质或吸附物）聚集在固体表面。由于吸附剂和吸附质之间的结合作用，这些分子在固体表面积聚。由于之前分散的吸附分子被定位在表面，造成大量的熵损失，吸附过程是放热的。吸附也是一个动态的平衡过程，因为分子随时既能吸附在表面，又能解吸。当到达的分子多于离开的分子时，吸附开始发生，导致分子在表面积聚。随着更多的分子被吸附，离开通量的大小也会增加。当到达通量的大小（由流体化学势决定，也就是流体中吸附质的压力或浓度）等于离开通量的大小（很大程度上由温度和覆盖率决定）时，达到吸附平衡。在分子尺度上，由于热引发的固体晶格无规则振动，引起表面原子和吸附分子之间的碰撞，导致能量的传递，使被吸附分子能够逃脱表面原子的引力。所获得的吸附分子的总覆盖率取决于流体中吸附质的压力或浓度，以及吸附剂—吸附质相互作用的强度。

在更高的压力下，吸附分子也可能开始与已经被吸附的分子结合，形成连续的吸附膜。由于壁电势的吸引有助于吸附质的紧密堆积，这种被吸附相通常比未被吸附的流体密度大，甚至可能比液相吸附质密度大。随着整体吸附压力的增加，被吸附的膜变厚。接下来会发生什么取决于孔隙的性质。对于微孔，其中相反壁电位基本重叠，壁的影响延伸到孔的中心。因此，随着压力的增加，孔隙填充过程是连续的，即孔隙内容物随着压力的增加而变得致密。对于介孔和较大的孔隙，孔壁对中线的影响可以忽略不计。在这种情况下，吸附相的密度和填充孔隙其余部分的流体之间有更明显的区别。高密度表面吸附膜随着压力的增加而变厚，直到变为相对于孔隙完全被高密度吸附质相填充的状态而变得热力学不稳定。

当压力再次降低时，吸附量随压力变化图所遵循的规律不一定与压力上升时的相同。当两个等温线不重合时，被称为滞后。滞后现象意味着非平衡过程的存在。后文将对此会有更详细的讨论。除了存在或不存在滞后外，等温线还可以有许多其他形式，如图 2.1 所示。可逆的 I 型等温线与单层吸附或微孔材料有关。II 型等温线也是可逆的，它与无孔（或非常大的孔）材料上的多层吸附有关。III 型等温线与 II 型相似，只是前者的吸附质—吸附剂相互作用强度比后者低得多。IV 型和 V 型等温线在较高压力下吸附量的急剧增加与毛细管凝聚有关。在 IV 型和 V 型等温线中，滞后环的出现意味着毛细管凝聚的存在。VI 型等温线与依次多层吸附有关，即材料的一层吸附结束后再吸附下一层，如图中台阶所示。

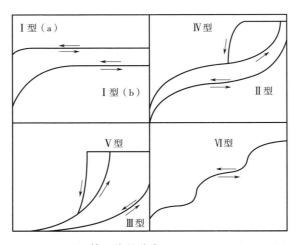

图 2.1  IUPAC 等温线的分类（Thommes et al.，2015）

## 2.2  实验方法

### 2.2.1  样品制备

通常如果暴露在大气中，所有的样品都会从空气中吸附一些污染物或水。为了使孔隙结构的测量准确，需要在不改变底层表面的情况下去除这些污染物。一般需要在真空环境下进行去除（称为脱气），通常还需加热来使污染物解吸。

对于一些常见的材料，如非晶态二氧化硅，有大量关于热处理对表面化学和性质的影响的文献报道（Chuang et al.，1997）。对于新样品，建议先进行热重分析（TGA），以确定在什么温度下污染物会发生解吸而不影响性质。例如，许多氧化物材料，如二氧化硅和氧化铝，其表面键尾端为羟基。将这些材料加热到 400℃ 以上时羟基开始缩聚，并以水的形式损失，从而改变了表面结构或化学性质（Davydov et al.，1964）。在这种情况下，TGA 可用来确定去除物理吸附污染物而不影响表面的必要条件。

## 2.2.2　吸附剂的选择

本节讨论单吸附剂实验。在第 6.9 节将讨论多吸附剂实验。孔隙结构表征方法多选择物理吸附的方法，称为物理吸附。这是因为，为了只表征孔隙结构的几何形状，探针分子应该尽可能非特异性吸附，这样它对表面化学的变化应尽可能"不察觉"。理想的吸附质将以相同的强度吸附在所有类型的样品表面上。在物理吸附中，吸附质分子被范德华力吸引到表面，如永久偶极—偶极相互作用、诱导偶极—偶极相互作用和色散力。

### 2.2.2.1　氮

对于表面和结构表征，理想的吸附质只对几何结构敏感，因此在所有表面上吸附均匀，没有特定吸附的迹象。然而在现实中是不可能的。吸附质通常选择传统和易用的，首选是液氮（氮液化温度 77K），因为它很容易获得且使用较多。氮气似乎是一种非常合适的吸附质，因液氮既便宜又容易获得，且氮分子的三键使其具有化学惰性。然而，尽管使用比较普遍，在选择一个合适的吸附质时，液氮也碰到了很多问题。其正常沸点的温度较低，这意味着质量传输过程在等温线温度下非常缓慢，氮分子需要很长时间才能穿透非常小的孔形成的网络。此外，氮分子具有四极矩，导致电荷不对称，使其吸附到极性表面上，如羟基。有证据表明，这种特定的吸附导致了对材料表面积的低估，如部分脱羟基硅具有某些类型的化学非均匀表面（Watt-Smith et al.，2005）。氮无法进入只容许氢等小分子进入的孔隙。氮是一种棒状分子，尽管很短，但其在表面的取向和排列是不确定的，因此可用的准确横截面积也不确定。

### 2.2.2.2　氩

人们常认为，氩气可能是氮气的一种性能更好的替代品。氩气的液化温度为 87K，较氮气略高一些。氩气作为一种惰性气体，是一种对称的单原子分子。原则上，它作为一种非特异性吸附质是具有吸引力的，但氩原子是完全可极化的，在一定程度上，它甚至被提出可作为表面酸性的探针（Matsuhashi et al.，2001）。

过去，在冷却方面液氮比液氩便宜得多（Gregg et al.，1982），氩吸附是在氮液化温度（77K）下进行的。然而，由于77K低于氩的三相点（88.8K），其吸附状态不确定，是一个坚实的而不是类液体的冷凝态，这使确定相对压力变得困难。

### 2.2.2.3 氮

典型的吸附实验局限于用吸附质来研究吸附剂的吸附性能。氮被用于测量小面积固体的表面积，因为在77K的低饱和蒸汽压使得"死区"校正的测量能达到用于低表面积样品所需的精度。"死区"是仪器内部在样品之外的可达区域。与氩气一样，77K低于三相点（116K），但其参考吸附态为过冷液体（Gregg et al.，1982）。

### 2.2.2.4 氙

氙气是一种大的、容易极化的单原子分子，它容易在极性位置上进行特定的吸附，因此作为被吸附的气体，不那么具有吸引力。然而，由于它通常用于核磁共振和磁共振成像的孔隙结构表征（见第5章），故其作为一种吸附质颇具研究前景。

### 2.2.2.5 烷类

与烯烃和炔烃相比，烷类相对不活泼，因此可用于结构表征。甲烷在地质应用中具有研究前景，如页岩。越大的烷烃分子链越长，并具有柔韧性。这表明它们在表面上可能的吸附构象问题，特别是在粗糙表面，这导致了所用分子的横截面积可能不准确。然而，尽管有明显的复杂性，但长链碳氢化合物（如丁烷）的多层吸附可以遵循简单的模型（Watt-Smith et al.，2005）。

## 2.2.3 实验条件

由气体吸附得出的表面积、孔径分布或其他参数的基本数据集是等温平衡线。因此，必须确保等温线中的每个单独的数据点都是完全平衡的。为了达到这一点，必须有足够的时间让所有的气体进入空隙空间。在一些仪器中，有可能获得每个等温线数据点的气体吸附动力学（后文将会展开更详细的讨论），并明确地观察吸附是否已经达到平衡。

气体吸附的基础实验通常需要建立一个压力表，包括等温吸附和解吸获得的一系列压力点。这些值的范围取决于所使用仪器的工作能力。每种压力下的气体吸附量可以用体积法或重量法来测量。

传统的气体吸附装置是在样品室完全充满液氮之前截断等温吸附的。由于接近饱和压力时的精度限制，压力的增加往往远低于样品孔隙填充所需的压力，特别是对于孔隙较大的样品。这意味着传统的气体吸附实验不适合大孔样品的表征。在文献中，为了解决这个问题，尝试将气体吸附和压汞法测定的孔径分布结合在一起（见第 3 章）。

然而，有一种替代方法只使用气体吸附，即由 Aukett 和 Jessop（1996）提出的过冷凝法。Murray 等也使用了类似的方法（1999）。在过冷凝法中，第一阶段是将样品管中的压力增加到氮气的饱和蒸汽压力以上。这种压力的增加会产生过量的冷凝，这样即使是最大的孔隙也会在过冷凝解吸的顶部充满液氮，也会涉及样品管的一些整体冷凝。采用商用仪器进行传统实验可以避免发生这种整体凝结。达到这一阶段所需的时间取决于样品量和孔隙体积。如果冷凝液的体积远远大于孔隙完全填充所需的体积，则没有问题，但在这种情况下，实验的总持续时间将会长得多。一旦孔隙完全填充，压力就会降低到略低于氮气的饱和蒸汽压力，这样大部分冷凝液会完全蒸发，同时保持所有样品内部孔隙充满液体。一旦达到这种状态，就可以测量过凝解吸等温线的第一个数据点。这个点对应于样品的总孔隙体积。然后，压力以很小的幅度逐渐降低，其余的解吸等温可以用常规方法获得。这种方法适用于表征大孔岩石，因此将在第 8 章进行更详细的讨论。

许多凝聚吸附质的表面张力相当高，可能会导致样品的机械变形（Gor et al.，2017）。然而，普通材料测得的应变通常非常低，为 $10^{-6} \sim 10^{-3}$。往往只有多孔材料（如气凝胶）具有大约 30% 的显著应变。

## 2.2.4　典型数据集和术语

气体吸附数据通常取决于过程，下面将通过对比进行更详细的解释。这意味着，在任何给定的压力下，实际吸附在样品上的吸附质的数量取决于实验开始时系统的真空状态。

传统的实验通常从一个不含吸附质的完全真空样品开始，再一步步地逐渐增加吸附质的压力直到达到装置的最高压力，然后反向逐步降低到最低压力。这类实验的目的是获得边界吸附和解吸等温线，如图 2.2 所示，箭头表示压力变化的方向，边界曲线用实线表示。从图 2.2 可以看出，在相同的压力下，解吸边界曲线上的吸附量有时大于吸附边界曲线上的吸附量。这种差异或间隙，被称为滞后。这种滞后是数据的历史依赖性的一种表现，因为解吸等温线上的特定压力取自之前压力变化的过程。在等温线图里，边界吸附和解吸曲线首先在滞区的两侧相遇，称为滞区闭合点。

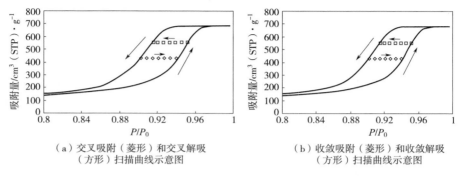

（a）交叉吸附（菱形）和交叉解吸　　　　（b）收敛吸附（菱形）和收敛解吸
　　（方形）扫描曲线示意图　　　　　　　　　（方形）扫描曲线示意图

图 2.2　气体吸附数据

可以想象，吸附等温线可能在低于仪器最高的极限压力下获得，然后压力沿反向变化。这部分吸附过程被称为一个扫描曲线。在这样的扫描实验中，所得曲线的吸附部分与边界吸附等温线相同，但解吸部分可能会有很大的不同。

因此，这部分有时被称为下行扫描曲线（因为压力降低）。为了创建一个上行的扫描曲线，需要沿整个边界吸附等温线到尽可能大的压力，然后在压力沿边界解吸等温线部分向下。如果边界解吸等温线（即向下）之间的压力变化方向在达到完全真空之前反转（即向上），则随着压力再次增加，上行扫描曲线形成。在相同的压力范围内，它的形式可能与吸附边界曲线的等效部分有很大的不同（具体原因将在下文中讨论），如图 2.2 所示。不同样品的上行和下行扫描曲线的形式可能会有所不同，同一样品在不同的起始压力下（此处压力变化转向），扫描曲线的形式也不同。一般来说，可以观察到某些常见的形式。如果上行或下行的扫描曲线留下一条边界曲线，并以相似的吸附量连接另一条边界曲线，则称为交叉扫描曲线［图 2.2（a）］。下行扫描曲线与边界解吸等温线在下（压力）滞后点闭合，或上行扫描曲线与吸附边界曲线在上（高压）滞后点闭合，则称为收敛扫描曲线［图 2.2（b）］。

如果沿边界等温线改变压力变化方向后，沿扫描曲线某个位置压力变化方向再次改变，则产生所谓的扫描循环，虽然压力方向的变化实际上并不一定会导致数据集的路径在最初离开的完全相同的位置重新加入边界等温线。

## 2.2.5 气体吸收动力学

除了适用于结构表征的数据外，气体吸附也可以用来获取关于质量传输的信息。许多气体吸附装置（如体积吸附装置或重量吸附装置），都可以获得有关气体吸收随时间变化的数据。图 2.3（a）是使用体积装置获得的具有相同总体尺寸和形状，但不同多孔结构的样品中气体吸附的典型原始数据分无汞（样品 1）和有汞（样品 2）。同样的吸附量可以使用样品室中的压力来显示，也可转换为等效体积吸收率。数据通常包括两个步骤，样品室压力的下降和体积吸附率的上升。需要注意的是，图 2.3（a）中的时间轴是对数刻度。第一阶段，发生在非常短的时间内（<10s），对应于注入气体后样品室中压力的平衡。当压力在整个样品室中保持平衡时，就会有一个相对平坦的压力平台。第二阶段发生在更长的时间内（>10s），对应于多孔材料本身的吸收。值得注意的是，对相似体积剖面的样品，两个样本第一阶段的压力变化是相同的。然而，第二阶段中气体进入多孔结构的速率是不同的。原始数据可以被重新标准化，使新的起点定位在原始数据的中间时间段的末端，如图 2.3（b）所示。

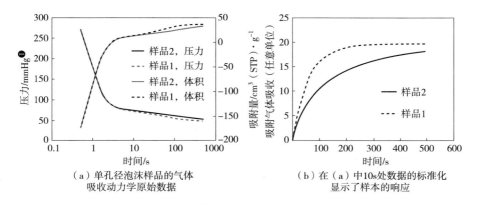

（a）单孔径泡沫样品的气体　　　　　（b）在（a）中 10s 处数据的标准化
　　　吸收动力学原始数据　　　　　　　　　显示了样本的响应

图 2.3　气体吸收随时间变化的数据

与图 2.3（b）类似的数据可以直接用重力仪测得。数据提取处，则应检查重力仪上压力台阶的形状，以确保其尽可能接近于直角台阶。在实际的实验中，压力上升发生在有限的时间内。理想情况下，远低于样品本身的气体吸收时间。这意味着简化了后续分析的边界条件。如果不是则需要进行更复杂的分析

❶ 1mmHg≈133.3Pa。

（Crank，1975）。此外，如果可能的话，还应检查样品在气体吸收过程中的温度变化。由于吸附是放热的，当吸附第一次开始时（当最多吸附物可能被吸附时）经常出现放热，如果热量没有快速排出样品，会导致样品本身温度上升，从而在样品再次冷却之前短暂提高扩散率（分子扩散为 $\propto T^{3/2}$）。这会使数据看起来有两种不同的扩散阶段，即早期快速吸收和后期较慢吸收。这可能被误认为是快速进入容易进入的网络，然后缓慢进入不容易进入的微孔网络。

气体吸收数据可以拟合到一系列的方程中，包括线性驱动力（LDF）模型，以及具有良好混合和恒定体积边界条件的扩散方程的球面和圆柱形几何解（Crank，1975）。对于气体吸收实验，扩散方程的适当解通常可以用线性驱动力（LDF）模型，以及吸收数据拟合（Do，1998）的表达式：

$$\frac{M(t)}{M(\infty)} = 1 - \exp(-kt) \tag{2.1}$$

式中：$M(t)$ 为时间 $t$ 的吸收量；$M(\infty)$ 为无限时间的吸附量；$k$ 为传质系数（MTC）。

传质系数为：

$$k = \frac{GD}{a^2} \tag{2.2}$$

式中，$G$ 为一个几何常数（球体为 15，圆柱体为 8）；$D$ 为多孔介质或网络的有效扩散系数；$a$ 为特征扩散长度（如球形或圆柱形吸附剂的半径）。LDF 倾向于拟合吸收曲线的上半部分。

当需要更好地拟合吸收曲线时，可以使用适当扩散几何的完整解。对于浸在"充分搅拌"容器中的圆柱体，扩散方程的适当解是 $t$ 时刻的吸收速率，可以用式（2.3）（Crank，1975）来描述：

$$\frac{M(t)}{M(\infty)} = 1 - \sum_{n=1}^{\infty} \frac{4\alpha(1+\alpha)}{4+4\alpha+a^2 q_n^2} \exp(-Dq_n^2 t/a^2) \tag{2.3}$$

式中：$q_n$ 为非零正根。

$$\alpha q_n J_0(q_n) + 2J_1(q_n) = 0 \tag{2.4}$$

对于浸在"充分搅拌"容器中的球体，$t$ 时刻的吸收速率可以用式（2.5）描述：

$$\frac{M(t)}{M(\infty)} = 1 - \sum_{n=1}^{\infty} \frac{6\alpha(1+\alpha)}{9+9\alpha+a^2 q_n^2} \exp(-Dq_n^2 t/a^2) \tag{2.5}$$

式中：$q_n$ 为非零正根：

$$\tan q_n = \frac{3q_n}{3 + \alpha q_n^2} \tag{2.6}$$

上述方程适用于均匀的各向同性扩散介质。一些样品可能存在内部分区，或部分具有不均匀性，就像两个独立的吸附介质。在这种情况下，复合 LDF 模型能提供更适合的解：

$$\frac{M(t)}{M(\infty)} = p[1 - \exp(-k_1 t)] + (1 - p)[1 - \exp(-k_2 t)] \tag{2.7}$$

式中：$p$ 为组分 1 的份数；MTC 为 $k_1$。

# 2.3　相关测试

## 2.3.1　表面积

吸附剂的表面积可以通过单层或多层物理吸附模型的实验计算得到。得到表面积需要使用吸附模型来确定单层容量，并假设表面上单个分子所占据的有效面积。吸附质表面可以看作一个棋盘，每个方形对应单个分子吸附的位置，因此，单层容量是板上的方形数量。目前最常用的两种吸附模型是朗缪尔和布朗诺尔—埃米特—泰勒（BET）方程，其数学推导将在其他地方给出（Gregg et al.，1982）。

在使用这些模型时的关键问题是满足在其推导中所做的共同假设。第一，假设吸附已经达到平衡，这是对实验条件的一个重要考虑因素。第二，假设表面是均匀的，所有的表面吸附位点都具有相同的吸附热。第三，吸附剂的表面是平坦的，除了一些特殊的类型（如石墨），不太可能适用于任何吸附剂。第四，上述两种模型都假设分子之间没有横向相互作用。当吸附热远远大于吸附质的汽化热时，这种假设最为接近实际情况。

### 2.3.1.1　朗缪尔模型

朗缪尔模型假设吸附只发生在一个单分子层中，在那里所有的分子都与表面接触。朗缪尔等温线方程为：

$$\frac{V}{V_m} = \frac{BP}{1 + BP} \tag{2.8}$$

式中：$V$ 为吸附量；$V_m$ 为单层容量；$P$ 为压力；$B$ 为与吸附热相关的经验常数，约为：

$$B \approx \mathrm{e}^{q_1/RT} \tag{2.9}$$

其中，$q_1$ 假设所有吸附位点都相等，第一吸附层（单层）吸附的等量吸附热。根据 IUPAC 的分类方法，式（2.8）的曲线图形状类似于I型等温线（图2.1）。

为了获得单层容量，式（2.8）被线性化，得：

$$\frac{1}{V} = \frac{1}{V_m B} \frac{1}{P} + \frac{1}{V_m} \tag{2.10}$$

因此，如果数据服从朗缪尔模型，那么 $1/V$ 对 $1/P$ 的图应该是一条直线。单层容量是该直线截距的倒数。常数 $B$ 是由截距与斜率的比值得到的。

### 2.3.1.2 BET 模型

一旦获得了单层容量，就可以通过将该容量（单位是分子每克）乘以单个分子的有效横截面面积（CSA）来获得比表面积。ISO（2010）建议取氮气分子的截面积值为 $0.162\mathrm{nm}^2$。单层容量也可以被认为是对狭窄微孔的完全填充，将在后文进行讨论。氮的标准 CSA 值的计算方法是假设吸附相是类似液体的，紧密填充的相。然而，如果分子与表面的结合较弱，如 BET 常数小于 10，则分子可能更具流动性，被吸附分子的底层也会膨胀。这意味着单个分子所占的面积将高于标准的横截面积 $0.162\mathrm{nm}^2$。Karnaukhov 在 1985 年给出了各种不同吸附物的有效横截面面积随 BET 常数（以及 $q_1$）的变化。

BET 模型在朗缪尔模型基础上进行了扩展，允许多层吸附，即吸附质不但可以吸附在吸附剂表面上，也可以吸附在自身上。在标准 BET 模型中，假设第二层和后续层分子的吸附位点直接在之前吸附的分子之上。第二层和更上层的分子直接（垂直）与上下层分子相互作用，吸附热等于汽化潜热。

广义的 BET 方程为：

$$\frac{V}{V_m} = \frac{Cx}{1-x} \frac{1-(N+1)x^N + Nx^{N+1}}{1+(C-1)x - Cx^{N+1}} \tag{2.11}$$

式中：$x$ 为相对压力；$N$ 为吸附层的最大可能数；$C$ 为经验常数，由式（2.12）给出：

$$C \approx \mathrm{e}^{(q_1-q_L)/RT} \tag{2.12}$$

式中：$q_L$ 为汽化潜热。低的 $C$ 值（<50）与Ⅲ型和Ⅴ型等温线有关，而较大的值对应Ⅱ型和Ⅳ型等温线。如果 $N=1$，则式（2.11）简化为朗缪尔方程的形式，即式（2.1）。如果 $N\to\infty$，则式（2.11）简化为 BET 方程的标准形式，即：

$$\frac{x}{V(1-x)} = \frac{1}{V_m C} + \frac{C-1}{V_m C}x \tag{2.13}$$

式（2.13）表明，如果等温线数据符合标准的 BET 模型，那么 $x/[V(1-x)]$ 对 $x$ 应是线性关系。单层容量由 BET 图的斜率和截距之和的倒数得到。比表面积也可以通过将这个容量乘以一个分子的横截面积来得到。介孔二氧化硅样品的典型等温线数据与式（2.10）相拟合，如图 2.4 所示。图 2.4（a）中空心圆指吸附；方形指解吸；实线是为了便于观察。图 2.4（b）为与式（2.13）拟合的等温线数据的相应 BET 曲线（实线）。

由于上述模型假设的局限性，对大多数材料而言，BET 模型只倾向拟合有限范围的等温线数据。ISO（2010）推荐的相对压力标准拟合范围为 0.05~0.3。因此，用标准 BET 法测定表面积是一种曲线拟合方法。BET 方程有效拟合时相对压力有范围的限制，在拟合时引入了两个自由参数，即拟合范围的上界和下界。

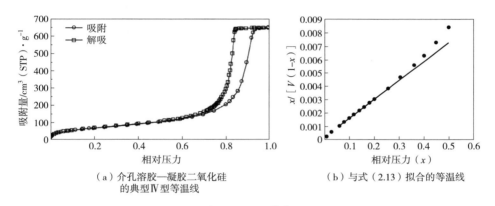

（a）介孔溶胶—凝胶二氧化硅
的典型IV型等温线　　　　　　（b）与式（2.13）拟合的等温线

图 2.4　BET 曲线

如果没有对 BET 模型的参数进行独立测量，就不能知道所得到的表面积值是否只是拟合范围但不符合真实值。

BET 模型通常在较低的相对压力下失效（$x<0.05$）。可以观察到，吸附量超过了比较适合的中等相对压力条件下获得的 BET 模型预测值。这是因为吸附通常发生在吸附力强的点位上，与其他位置相比，其吸附热往往更高。这违反了第二个模型假设，并导致 BET 曲线对实验数据估计过高。为了解释化学上的异质性，引入了同位补丁模型（Walker et al.，1948）。这个模型假设吸附剂的表面是由不同类型的位点组成的，每个位点都有自己的特征吸附行为。假设位点的连接处都很大，这样它们与其他连接处相邻的边缘效应就可以忽略不计。因此，观察到的吸附是一套补丁吸附行为的组合，例如：

$$V = V_m(p_1 I_1 + p_2 I_2 + \cdots + p_i I_i + \cdots) \tag{2.14}$$

式中：$I_i$ 为描述第 $i$ 个补丁上吸附的等温线方程；$p_i$ 为 $I_i$ 型补丁所占据表面的比例，使不同的 $p_i$ 值服从：

$$p_1 + p_2 + \cdots + p_i + \cdots = 1 \qquad (2.15)$$

同位补丁模型可以用来设想 BET 模型中可能出现的问题。假设一个表面有两种类型的位点，其中一种占据了表面的 80%，并产生了一个具有很大 $C$ 值的 Ⅱ 型等温线（约 300），而另一个位置产生了一个具有非常小 $C$ 值的 Ⅲ 型等温线（约 1）。所产生一个复合等温线，$C$ 值约为 100，图 2.5 为双组分 BET 模型的例子，根据式（2.14）绘成复合等温线（粗线）及其两个组分的等温线（细线）。实际上，这可能对应于部分脱羟基表面上的氮吸附（Watt-Smith et al.，2005）。高能（$C$ 值大）吸附位点对应极性羟基与四极氮相互作用强烈的区域，而低能位点（$C$ 值小）对应于表面已脱羟基化的区域。由于在标准 BET 拟合区域，复合等温线由大的 $C$ 组分主导，第二组分对吸附测量的贡献很小，因此 BET 模型拟合只反映第一组分的面积，不是真实表面积。

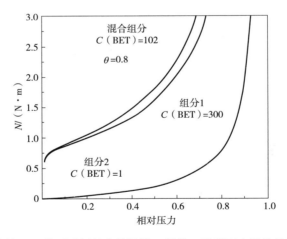

图 2.5 双组分的 BET 模型示例复合等温线（粗线）及其两个组分的等温线（细线）
转载自 Watt-Smith et al.，2005 年，经美国化学学会许可。

在 BET 图中，理论模型在较高的相对压力（$x>0.3$）下实验数据比实际数据低也很常见，如图 2.4（b）所示。这意味着该模型高估了在较高压力下的吸附量。这可能是因为真实的样本不符合上面列出的第三个模型假设，表面不是平的。真实的表面在分子尺度上是粗糙的。表面的凹面（即使是无序的多孔材料也是凹的）意味着吸附第二层和随后层的吸附表面随着距离表面的距离而减小，且该模型的最大分子容量降低。即分形对于在不同长度尺度上具有自相似特性的粗糙表面，最大容量下降的公式为：

$$\frac{A_i}{A_1} = i^{2-D} \tag{2.16}$$

式中：$A_1$ 为第一吸附层的面积；$A_i$ 为第 $i$ 吸附层的面积；$D$ 为表面分形维数（$2 \leqslant D \leqslant 3$）。

这种效应可以纳入 BET 模型和 BET 方程推导出的分形版本（Mahnke et al.，2003）。具体内容如下：

$$\lg V = \lg V_{\mathrm{m}} + \lg\left[\frac{Cx}{1 - C + Cx}\right] - (3 - D)\lg(1 - x) \tag{2.17}$$

式（2.17）中参数 $D$ 取不同值获得的曲线如图 2.6 所示。可以看出，在标准 BET 区域，各种等温曲线非常相似，在初始吸附周围形成一个统计单分子层，但随着高压下更多层被吸附而发散。值得注意的是，随着表面变得更粗糙，反映在更高的分形维数上，吸附量减少，这是由于连续吸附层中可能的最大覆盖率减少。当 $D$ 趋于 3 时，等温线的形状趋向于朗缪尔等温线的形状，即式（2.8）。这是因为最粗糙的表面只能在其表面非常复杂的缝隙中容纳一层被吸附的分子。

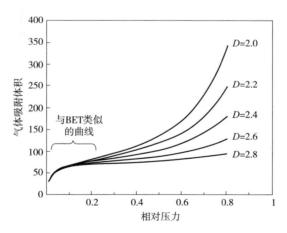

图 2.6　对于不同的分形维度 $D$ 值［式（2.17）的形式］

### 2.3.1.3　案例研究

（1）使用不同的等温线模型。上述讨论强调，标准 BET 表面积测定方法在研究真实材料时存在许多问题，与理论推导的假设有关。特别是，如果将 BET 模型仅视为一个曲线拟合，那么就没有办法知道表面积是否准确。然而，有许多方法可以采取更复杂的途径来提高准确性和可靠性。

图 2.7 显示了采用国际标准（ISO 2010）中描述的方法，通过 BET 模型拟合一个玻璃样品的原始吸附等温实验数据［式（2.13）］，以及分别用分形 BET［式（2.17）］分量或朗缪尔和亨利定律分量的两个组分的同位补丁模型［式（2.14）］。实线表示根据 ISO（2010）方法对标准 BET 模型的拟合。虚线表示 $0<x<0.4$ 具有两个组分 BET 分量［式（2.17）］的同位补丁模型［式（2.14）］。点线表示 $0<x<0.4$ 具有亨利定律和朗缪尔［式（2.8）］分量的同位补丁模型。标准 BET 模型在 0.05~0.3 的相对压力范围内进行拟合，同位补丁模型是在 0~0.4 的相对压力范围内进行拟合。然而，在图 2.7 中，拟合模型的曲线已经被扩展到拟合范围之外，以观察模型对等温线上限的预测效果。可以看出，当相对压力高于拟合范围时，标准 BET 拟合就偏离了实验数据。事实上，它高估了被吸附的量，所以在这个范围内不符合实际情况。相比之下，朗缪尔和亨利定律分量同质模型与实验数据拟合很好，远远超过拟合范围，直到 0.5~0.55 的相对压力。然而，当压力值为 0.6 及以上时，模拟值低于实验数据。这可能是因为毛细管凝聚开始，而这在朗缪尔或亨利定律模型中没有得到解释。然而，双组分分形 BET 的同位补丁模型甚至在相对压力超过 0.8 时可以拟合数据，尽管例子中只拟合相对压力低于 0.4 的情况。等温线模型拟合实验数据超过拟合范围，但仍在模型的相关物理范围内，可以作为区分模型的一种方法。在这种情况下，基于最可能得到超出拟合范围的观测结果，双组分分形 BET 模型是最佳模型。

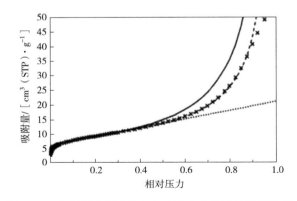

图 2.7　玻璃样品多层及以上区域的常规氮吸附等温线

（2）使用不同的吸附质。虽然重复实验和拟合过程能给出用普通的氮 BET 方法测量的新一类非均质多孔材料表面积估计的随机误差，但没有给出潜在的系统误差。可以通过引入不同吸附质来显示方法的准确性。

本文提出的简单案例研究是比较部分脱羟基化二氧化硅表面的表征参数。对相同二氧化硅，可以获得一系列不同吸附质的吸附等温线。在二氧化硅 G1 上获得了氮（77K）、氩（87K）、丙烷（199K）、丁烷（273K）和己烷（273K）的吸附等温线。这些数据已被拟合到分形 BET 模型［式（2.17）］。丙烷的等温线拟合如图 2.8 所示。拟合的范围被限制在滞后回线之前的区域，因此不会有毛细管凝结。由拟合得到的分形维数见表 2.1。

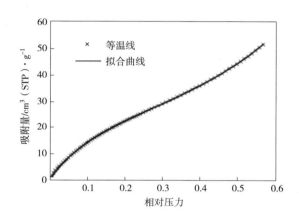

图 2.8　273K 下溶胶二氧化硅 G1 的丙烷吸附等温线和对数据拟合得到的曲线

表 2.1　不同吸附质对溶胶—凝胶二氧化硅 G1 的吸附等温线得到的表面分形维数

| 吸附质 | 表面分形维数（±0.01） | 在相对压力下的配合范围 |
| --- | --- | --- |
| 氮气 | 2.38 ± 0.01 | 0.05 ~ 0.60 |
| 氩气 | 2.25 ± 0.01 | 0.05 ~ 0.60 |
| 丙烷 | 2.15 ± 0.01 | 0.05 ~ 0.57 |
| 丁烷 | 2.25 ± 0.01 | 0.05 ~ 0.37 |
| 正己烷 | 2.00 ± 0.01 | 0.02 ~ 0.59 |
| 环己烷 | 2.00 ± 0.01 | 0.004 ~ 0.6 |

由小角度 X 射线散射（SAXS）Porod 分析得到的等效表面分形维数值（见第 4 章）为 2.27±0.11（Watt-Smith et al.，2005）。结果表明，以氮为吸附质获得的分形维数明显高于 SAXS 法，而己烷的分形维数明显降低，而其余吸附质的分形维数在实验误差和抽样变异性范围内。利用两种不同的分析理论（BET 和 Porod），通过两种不同的物理过程（气体吸附和 X 射线散射）得到了相同的特征吸附剂结构参数值，这说明描述吸附的理论在物理原理上是正确的。在这种情

况下，吸附模型是 BET 机制，它只包括垂直的范德华相互作用，而忽略了毛细凝聚。

　　然而，理论结果的偏离也可以提供关于吸附机制或吸附剂性质的信息。如式（2.16）所示，分形 BET 方程中所涉及的与粗糙表面相关的凹面的主要影响是，随着吸附层厚度的增加，吸附位点的数量减少。分形维数的增加会使这种效应增强。然而，吸附机理的其他方面也可以增强这种效应。例如，如果表面的吸附主要发生在孤立的、有限的位置上，吸附相的稳定形式可能更像超市里的一堆橙子，吸附层形成金字塔结构（Watt-Smith et al.，2005）。金字塔结构也减少了每一层的位置数量，这种减少与式（2.16）规律相似（Watt-Smith et al.，2005）。在表 2.1 中，氮的分形维数高于预期，可能就是由于这种效应。二氧化硅的预热处理可导致表面部分脱羟基化。氮的四极矩意味着它对表面仍被极性羟基覆盖的部位具有更大的吸附亲和力。因此，二氧化硅对氮的吸附可能主要出现在剩余的羟基化表面上，这会导致对分形维数的高估，对表面积的低估，相关内容将在第 6 章中更详细地描述。氮和氩的行为还有其他差异，特别是它们如何润湿表面，如氩不润湿汞等重金属。

　　表 2.1 中对己烷造成的吸附分形维数的低估也可以揭示吸附机理的特性。如果吸附的早期阶段优先填充表面的凹处（凹槽），那么表面分形维数就会降低，从而使随后的吸附表面比之前更光滑（Pfeifer et al.，1991）。可将作为填料的第一个吸附质当场冻结，并测量不同吸附剂合成表面的分形维数来证实这一效应（Pfeifer et al. 1991）。

### 2.3.1.4　不同类型的孔

　　（1）微孔体积。严格地说，BET 模型并不适用于微孔固体，因为 BET 模型中的吸附机制不发生在这类材料中。在微孔固体中，孔的两个相对壁的表面电位重叠，这意味着不可能明显区分出被吸附相和未吸附气体。微孔的填充是通过整个孔隙流体的持续致密化（尽管密度沿孔隙呈梯度变化），而不是在特定位置原地沉积形成更密集的多层结构。

　　对于产生 I 型等温线的吸附剂，获得微孔体积最简单的方法是将数据拟合到朗缪尔模型［式（2.8）］。例如，假设吸附相在等温线温度下与未吸附的液体吸附质的密度相同，吸附能力参数可以转化为微孔体积。

　　对于样品同时包含微孔和介孔的情况，可以用双分量的、同位补丁模型式（2.14）。用朗缪尔（或其他合适的等温线）分量来表示微孔吸附，用 BET 分量来表示介孔多层吸附。微孔的体积只能从朗缪尔部分的容量参数中得到。当计算机不太适合进行上述拟合时，经典的 $t$-图和 $\alpha_s$-图方法被开发出来（Gregg et al.，1982）。$t$-图是基于对给定吸附剂上观察到的等温线和无孔固体上吸附的标准等温线的比较。如果存在微孔，在低压下会发生过量吸附，标准等温线无法解释。经典的 $t$-图包括在与标准等温线对应的给定的相对压力下，实验测量的吸附量随 $t$ 层（多层）平均厚度变化的图。$t$ 层厚度通常由通用 $t$ 层方程得到，如Halsey（1948）或 Harkins 和 Jura（1944）的方程：

$$t = \left[\frac{13.99}{0.034 - \lg(p/p_0)}\right]^{0.5} \tag{2.18}$$

原则上，如果没有微孔存在，则该图应该是一条穿过原点的直线；如果有微孔，则其非零截距相当于微孔体积。然而，如果标准等温线足以代表被测试的材料，经典的 $t$ 图将只有一个显著大小的线性区域。正是由于它偏离了标准等温线形状，上述的类似测量方法有更大的灵活性去解释样品的异质性。

（2）介孔和大孔材料的体积。如果气体吸附等温线的顶部形成一个平坦的平台，那么吸附量可以很容易地转化为总比孔体积。对于可能的吸附态，最终的吸附量可以乘以一个摩尔体积。这通常被认为是在等温线条件下形成的是大块液态吸附质。由此获得的值通常被称为 Gurvitsch 体积（Gregg et al.，1982）。

然而，在常规实验中达到的最高相对压力下，许多吸附等温线仍然是双曲线（即垂直上升）。常规实验试图避免在整个样品支架中填充大量冷凝氮气，从而在饱和压力不足时停止。相反，通过过凝聚实验试图达到这种状态，以确定凝聚相的孔隙填充体积（Murray et al.，1999）。在过冷凝聚实验中，第一步是将试管中的压力提高到超过氮气的饱和蒸汽压。这种压力的上升会促进凝结，即使是最大尺寸的孔隙，在过度凝结解吸等温线开始时也会充满液氮。

达到这一阶段所需的时间取决于样品量和孔隙体积。一旦达到完全的孔隙填充，压力可以降低到略低于氮气的饱和蒸汽压力，整体凝聚液完全蒸发，同时保持所有样品内部孔隙液体填充。一旦这一阶段完成，就可以测量过凝解吸等温线的第一个数据点。这一点对应于样品的总孔隙体积。然后通过逐步降低压力，其余的解吸等温线可以以常规方式获得。

## 2.3.2　孔径分布

除了总微孔体积外，还可以从气体吸附中得到微孔、介孔和大孔的尺寸分布（PSD）。获得孔径分布分析方法的关键是对于孔隙填充或毛细凝聚过程（es）的物理描述。对于微孔，孔隙壁电位在孔隙中间会有一定程度的重叠。这意味着随着压力的增加，孔隙倾向于通过一个逐渐的致密化过程来填充，而不是与毛细凝聚相关的阶跃变化。前者与 I 型等温线有关，而后者与 IV 型和 V 型等温线有关。

### 2.3.2.1　以 Kelvin-Cohan 方程为基础的方法

基于经典连续介质热力学，最早的方法使用杨—拉普拉斯方程推导出 Kelvin-Cohan 方程，它是 Gregg 和 Sing（1982）以圆柱形孔为依据：

$$\ln \frac{p}{p_0} = \frac{\kappa \gamma \overline{V}}{r_c RT} \cos\theta \qquad (2.19)$$

式中：$\kappa$ 为一个几何参数，取决于孔隙和弯曲液面的类型，对于两端开放的圆柱形孔，被吸附的膜形成一个圆柱形弯曲液面，$\kappa = 1$，而对于一个死端的孔或解吸，冷凝发生在半球形弯曲液面，$\kappa = 2$；$\gamma$ 为表面张力；$\overline{V}$ 为部分摩尔体积；$R$ 为通用气体常数；$\theta$ 是气—液—固接触角（通常假定为零）；$r_c$ 为孔半径。

Kelvin-Cohan 方程中的特征尺寸参数对应于孔的空核，因为气体通常［对于大 BET 常数（>10）表面］已经吸附在孔隙表面的膜中。真正孔半径 $r_p$ 为：

$$r_p = r_c + t \qquad (2.20)$$

式中：$t$ 为由式（2.18）给出的发生凝聚时吸附层厚度。

Kelvin-Cohan 方程中的几何因子 $\kappa$ 简单地解释了通过两端开放圆柱孔形成的孤立毛细凝聚吸附等温线的滞后原因。在这种孔中，沿孔壁的圆柱弯液面凝结，而蒸发发生在孔末端的半球形弯液面。然而，虽然 Cohan（1938）表示某些材料的情况确实如此，但这并不是普遍现象。对于不同的样品，几何因子 $\kappa$ 的值可以在 1~2 之间变化。

对于氮气，一般假设吸附的冷凝物是完全润湿表面，接触角为零，因此 $\cos\theta$ 项是统一的（Gregg et al.，1982）。然而，一些研究（Androutosopoulos et al.，2000）将 $\cos\theta$ 作为一个自由拟合参数，通过这样表明波纹状圆柱形孔可以产生所有类型 IUPAC 标准滞后回线（Thommes et al.，2015）。因此，表明孔隙润湿性的差异可以解释等温线形状的差异。因此，滞后环的形式并不是孔隙形状的明确指标（Gregg et al.，1982）。根据式（2.19），同一吸附质在同一孔中的缩聚和蒸发压力，或同一吸附质在具有不同润湿性的相同直径的开闭孔或相同孔中的缩聚压力，可以通过以下比率进行关联：

$$\ln\left(\frac{p}{p_0}\right)_1 = \frac{k_1 \cos\theta_1}{k_2 \cos\theta_2}\ln\left(\frac{p}{p_0}\right)_2 = \frac{1}{\delta}\ln\left(\frac{p}{p_0}\right)_2 \qquad (2.21)$$

其中，下标 1 和 2 分别表示凝结和蒸发，或两个相同半径的不同孔。对于凝结和蒸发，或具有完全润湿表面的相通圆柱形孔隙，$k_1 = 1$、$k_2 = 2$ 和 $\cos\theta_i$ 项均统一。在这种情况下，权重 $\delta$ 等于 2，蒸发相对压力是凝结相对压力的平方。对应于上文提到的著名的 Kelvin-Cohan（1938）方程。对于润湿性较小的表面，因为 $\theta_i$ 将小于统一值，因此，权重将小于 2。先前的研究表明，对于气相二氧化硅校准的局域密度泛函理论（NLDFT），叠加吸附和解吸分支的权重 $\delta$ 为 1.8。对于一个完全润湿的平衡吸附系统，没有滞后，权重将是统一的。模板化 KIT-6（Kleitz et al.，2010）和无序硅（Hitchcock et al.，2014）的研究建议 $\delta = 1.5$，用于三维的、互联的孔网络。

从气体吸附中获得的 PSD 是一个典型的由孔体积加权的概率密度函数。为了获得孔径分布，Kelvin-Cohan 方程通常被纳入 Barrett-Joyner-Halenda（BJH）（Barrett et al.，1951）算法或类似的算法（Gregg et al.，1982）。在一个给定的压力下，对于一个孔径变化范围很大的样品，一些孔可能充满冷凝物而不再吸附；一些孔可能刚形成一个表面膜，随着压力的增加而变得更厚；一些孔隙可能已经达到了式（2.19）给定的临界压力，产生毛细凝聚。

无论等温线是通过吸附还是解吸获得的，BJH 算法从等温线的顶部（最高压力）点开始计算，并假设此时样品内完全充满了冷凝物。因此，第一个压力步骤只与样品中最大孔隙的凝结/蒸发有关。此后，计算涉及吸附质吸附/脱附量的两个影响因素。这两个因素是孔中没有凝结物时孔中多层膜厚度的变化，以及孔隙的凝结物达到毛细凝聚或蒸发的临界压力。因此，对于图 2.4（a）等温线所示的孔隙结构，在等温线的顶部有一个平坦的平台，BJH 算法的孔隙填充假设是正确的。而对于图 2.2（b）所示的扫描曲线，其中等温线顶部的留空为空孔，则 BJH 计算将忽略等温线顶部未填充孔隙的多层薄膜变化。当压力处于扫描曲线范围内，真实样品将与较小孔的吸附质混淆，因此，BJH 算法将会高估小孔的孔体积。对于解吸等温线，使用上述的过冷凝方法，使即使对于大孔材料也可以实现完全的孔隙填充。

BJH 算法中使用的通用 $t$ 层方程通常针对表面近似平坦的非多孔固体，多层层厚随着厚度的增加而稳定增长。然而，介孔固体中的孔隙代表了极限，因此孔隙表面将有一个较小的曲率半径。Broekhoff 和 DeBoer（BdB）（1967）引入了一种孔径分布分析，其中包括强表面曲率对多层厚度的影响。在式（2.21）中的权重 $\delta$ 在 BdB 方法的吸附和解吸分支叠加为 1.5，这与非晶态二氧化硅相同（Hitchcock et al.，2014）。

Kelvin 方程是通过体热力学推导出来的，这意味着当它应用于非常小的孔隙时也有局限性。这个问题要考虑沿孔吸附物密度的变化。对于一个大的孔隙，孔壁吸附势的最高部分很大程度上局限于孔壁的附近，因此不会延伸到多层膜上。在这种情况下可认为被吸附的膜是类似液体的，且孔核在冷凝前是被类似气体密度的吸附物占据。因此，密度分布显示了吸附膜边缘的阶跃变化。弯液面也有足够的大小，可以作为一个连续体来处理。在低于体饱和蒸汽压力下的早期吸附来自弯曲液面。然而，随着孔隙的减小，宏观意义上的界限清晰的弯液面和表面张力不再适用。这是因为随着孔隙的变小，壁变得更近，壁的吸附势开始大幅叠加。在孔隙中心产生了更大的吸引力，即使在相对较低的压力下，吸附质密度也比未被吸附的气相大。

这意味着基于"空"和"满"孔之间的净相变的模型变得不合适。因此，更复杂的吸附模型需要考虑到这一点。

### 2.3.2.2 密度泛函理论

Landers 等在 2013 年的研究表明，Kelvin-Cohan 方程倾向于低估 20nm 以下的孔隙尺寸。然而，Kruk 等在 1999 年已经发现，只要稍微修正，方程可以精确估算到几纳米。目前最常用的模型是基于密度泛函理论（DFT）。密度泛函是根据给定的特定压力下的表面化学（表面势）、尺寸和几何形状进行的孔计算。密度泛函可以转化为吸附量。针对单一特征孔尺寸，重复不同的压力，构建孔的完整等温线。整个过程对不同大小的孔隙依次重复。对于一系列特定几何和化学特性的不同大小的孔隙计算出一套等温线，称为内核。然后，将真实样本获得的实验等温线假设为由集合中每个内核特定贡献组成的复合等温线。因此，获得孔径分布的过程包括拟合，即确定来自每个内核的单独贡献的大小。这些贡献的直方图构成了孔隙大小的分布。除圆柱孔隙外，DFT 内核还可用于狭缝和球形孔隙。如果事先知道（如显微镜数据）特定尺寸范围内的孔隙具有不同的几何形状，则可以构建到拟合过程中（Landers et al.，2013）。

将内核与实验等温线的拟合是不适定问题，因为它可以有无限的解。不同的软件可以使用不同的规则化技术来克服这个问题，而产生不同的解决方案（Landers et al.，2013）。DFT 的孔径分布比 BJH 方法更光滑，因为前者的获得涉及一定程度的正则化，而后者直接使用等温线点（Jagiello et al.，2018）。获得的孔径分布的精度也取决于用于拟合的特定孔径范围内的内核数密度。在一些商业软件包中，对于较大的孔隙，这个数量往往会下降。如果可用的内核数密度较低，可能会导致 PSD 中可用内核数位置的孔隙体积的突然变化。

　　但这个过程并不是完全对实验等温线的先验预测，因为有必要通过比较流体的液气平衡、气体密度、饱和压力和表面张力的 DFT 预测来校准流体间相互作用参数。然而，Jagiello 和 Jaroniec（2018）提出，作为参考的流体可能不同于孔隙内的高度受限的流体。此外，必须通过调整吸附参数来校准吸附剂—吸附质相互作用势，使非多孔固体和合适参考样品上的 DFT 内核相匹配。例如，二氧化硅表面的参考样品是一种气相二氧化硅（Ravikovitch et al.，1995）。DFT 内核通常可用于二氧化硅和碳表面。对于表面［如金属有机框架（MOFs）］没有显式的内核，很难预测哪些是合适的。一种方法是尝试不同的内核，并考虑不同孔径方法之间的一致性程度。

　　与 BJH 算法一样，有必要对所使用的等温线分支上的毛细凝聚机理做出假设。DFT 中的选择是平衡核或旋节（亚稳态）内核。有序模板二氧化硅材料的发展（如 MCM-41 和 SBA-15）为确定平行直圆柱孔提供了选择。Neimark 和 Ravikovitch（2001）已经表明，对于用气相二氧化硅校准的 DFT，SBA-15 型材料的实验吸附等温线倾向于与旋节 DFT 核匹配，而解吸等温线倾向于与平衡核匹配（因为没有孔隙阻塞效应）。然而，对于小于 5nm 的孔隙，非局部 DFT（NLDFT）的旋节等温线偏离了实验的吸附等温线（Landers et al.，2013）。这是因为 NLDFT 没有解释成核现象。孔径小于 4nm 时，毛细凝聚现象可逆，与平衡核相匹配。

　　在最早版本的 DFT 算法中，用于确定核的模型孔表面是平滑的，吸附膜依次在连续的完整层中形成，使核呈阶梯状，每一步对应一个完整层。模型的形状不同于真实的材料，往往是吸附质平滑堆积，并导致 PSD 中有人工印迹。因为真实材料往往具有非均匀化学或表面粗糙度的表面，导致不同吸附位点之间存在不同程度的相互作用强度，从而导致更渐进的占据。人工分层可能导致 1~2nm 处 PSD 的人为间隙（Landers et al.，2013）。

　　改进后的 DFT 模型已经考虑了表面非均匀性，以避免这个问题。其中一种方法是淬火固体密度泛函理论（QSDFT）。这说明孔壁内部的固体密度有恒定的梯度，粗糙度参数 $\delta$ 代表可变密度区域的半宽。研究表明，许多模板硅中存在围绕主要介孔通道的微孔壁冠（Landers et al.，2013）。粗糙度参数可以通过 XRD 数据独立锁定，也可以作为另一个自由拟合参数。需要注意的是，NLDFT 和 QSDFT 对孔隙宽度的定义略有不同，因此 PSD 可能不具有可比性（Landers et al.，2013）。Jagiello 和 Jaroniec（2018）提出了一种不同的方法，导出了直圆柱形孔的 DFT 内核，并对沿圆柱长轴的孔径进行了正弦修正。该模型的参数为正弦波长的振幅和波长。

DFT 被用于研究空化，空化的存在通常表现在氮气相对压力为 0.4~0.45 的急剧解吸。当墨水瓶状孔体内的亚稳态凝聚相在颈部排空之前蒸发时就会发生空化，与毛孔堵塞时孔体和颈部同时排空形成对比。有人提出，空化的发生是因为吸附相被拉伸从而断裂，因此也被称为抗拉强度效应（Gregg 和 Sing 在 1982年）。由于空化效应发生的相对压力很大程度上是由吸附质本身的性质决定的，而不是吸附剂。如果发生空化效应，那么解吸等温线将不包含在该压力下的孔隙大小的信息。因此，有必要知道它是在什么时候发生的。测试空化效应的存在是比较两种不同吸附质（如氮气和氩气）的吸附和解吸分支得到的 PSD。如果两个滞回分支的 PSD 对于一个吸附质一致，而另一个不一致，那么不一致的分支中可能存在空化。

### 2.3.2.3  蒙特卡罗仿真方法

Kelvin-Cohan 和（NL）DFT 方法仅用于几何形状的规则材料，而许多有吸引力的材料是无序的和无定形的。相比之下，DFT 和蒙特卡罗模拟可以处理无序固体中不规则几何外形的孔。

平均场 DFT（MFDFT）方法是基于晶格的，因此可以用于异质结构（Kierlik et al.，2002）。但它是对底层物理过程的一种高度简化的描述，不适用于吸附的定量研究。

然而，MFDFT 可以描述气体吸附过程中所涉及的基本过程。特别是，MFDFT 研究表明，无序多孔固体的滞后是由这种多相材料中吸附节的各种不同构象可能产生的复杂能量造成的。在吸附和解吸等温线上，吸附相可以在动力学上被困在次优能量最小值，因此，两者都不代表真正的平衡等温线（Kierlik et al.，2002）。这表明，使用上述简化的方法只能给出近似的孔径大小。

Monte Carlo（MC）模拟考虑了在单个分子尺度上的吸附过程。模拟是在一套特定的热力学条件下进行的，其中 Grand Canonical（GC）集合是最常用的（Gelb et al.，1998，1999）。Monte Carlo 模拟需要明确地说明分子和表面之间的相互作用势。在模拟中，空隙由分子填充并计算出系统能量。然后，分子被引入、去除或随机移动，并在每个重排步骤后重新计算系统的能量。模拟继续进行，受外部施加于系统的约束，直到找到分子的最小能量配置，就可以计算出吸附量。原则上可以针对等温线中的每个压力点，以及一系列不同的可能的孔隙结构，并与实验结果进行比较。然而，GCMC 模拟在 CPU 时间上的计算成本非常昂贵，因此这种方法在当前的计算机上是不可行的。相反，GCMC 可以用来测试和验证计算效率更高的较简单理论。Gelb 和 Gubbins（1998）对模型 CPG 材料的模拟氮气吸附等温线的 BET 分析进行验证，发现了其对较大孔材料的表面积有很好的判断。然而，对于小于 4nm 的孔径，由于高表面曲率产生的高单层密度，BET 方法易高估表面积。Gelb 和 Gubbins（1999）对 BJH PSD 分析方法进行了类似的测试。对于模拟的 CPG 结构，他们发现 PSD 与几何 PSD（在第 1 章描述）一致，但 BJH PSDs 稍尖锐，并系统地向低孔径方向移动约 1nm。

## 2.3.3　气孔连通性

　　气体吸附可用于确定多孔固体的拓扑信息。这是基于渗透理论应用来理解滞后的原因。存在滞后的一个原因是孔隙阻塞，也称"墨水瓶"效应。在解吸过程中，类似液体的冷凝物只有在正好靠近蒸汽时才能蒸发，因此液体在某些地方就会解吸。但是，如图 2.9 所示，一个含有低于临界压力液态凝聚物的大孔位于一个仍然充满稳定凝聚物的狭窄孔颈后面，那么大孔中的液体就不能解吸。只有当压力降到使液体在不稳定的小孔颈内不稳定并蒸发，大孔才能发生解吸。此时，气液弯液面将撤退到更大尺寸孔隙的末端，再开始蒸发。因此，孔隙阻塞导致解吸延迟到平衡相变压力以下。

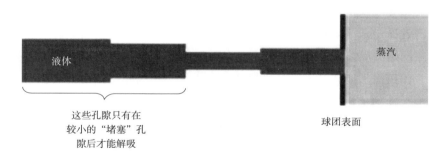

图 2.9　孔隙网络示意图（在该网络中会出现孔隙阻塞效应）

　　在一个真实、随机无序的多孔固体中，可能存在许多不同的途径允许冷凝物蒸发，从一个给定孔到材料的表面或一个弯月面向下到达孔。不同路径的数量越多，凝结物就越容易在较高的压力下蒸发，因为这样不太可能被一个小的孔颈堵塞。因此，孔隙网络的连通性越大（在交叉处相遇的平均孔数），滞后就可能越窄。在一个大的孔网络中，一个小的颈部可以控制许多大的孔。一旦颈部解吸，其他的孔也可以同时解吸。在某些Ⅳ型和Ⅴ型解吸等温线中观察到明显的尖锐峰和陡峰（图 2.10）。

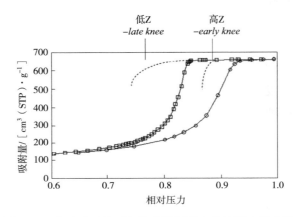

图 2.10　孔隙连通性对气体吸附迟滞宽度的影响示意图

因此，确定孔隙连通性的方法依赖于将滞后宽度和孔隙连通性转换。渗流理论可以用来评估这种可能性，假定某一部分孔低于其临界蒸发压力，那么蒸发路径将存在于这些给定孔中。对该方法的详细描述可以在 Seaton（1991）的工作中找到，并在第 6 章进行更详细的讨论。

在解吸等温线中，峰的尖锐度取决于渗流转变的突然性。相较于转变过程本身，这两者反过来又取决于接近渗流转变时有多少孔是没有凝聚物的。严格地说，孔隙网络的晶格尺寸是根据从晶格的一边传递到另一边时所穿过的按孔数量计算的。如果样品尺寸较小，晶格尺寸通常也很小，因此，晶格的表面积与体积比很大。在这种情况下，孔多是表面孔，因此它们可以直接接触气相。这意味着，对于小粒径的样品，在形成跨越整个孔隙网络到颗粒中心的路径之前，凝聚物更有可能从许多表面孔中解吸。在这种情况下，解吸甚至在解吸等温线中与膝部对应的压力之前就开始了，峰弯曲处也会更圆滑。在一个非常大的随机晶格中，只有很小一部分的最大孔在表面，因此，渗流峰前的解吸量可以忽略不计。因此，解吸峰的锐度是反应晶格尺寸的一个可能的指标。然而，即使是一个非常大的晶格，如果在孔隙尺寸上存在显著的空间相关性，即有大量的较大孔隙毗邻表面，那么大表面孔隙的过早解吸就会更显著。在这种情况下，一个大的空间相关的晶格看上去像一个小的随机晶格，并有一个圆形的渗流峰（图 2.10）。

等温线顶部的孔隙网络存在气囊可以减小孔隙阻塞效应（由磁滞的宽度表

示），而不是整个网络充满孔隙。这是因为这些内部的气囊为弯液面提供解吸，即使在多孔固体内部深处的孔隙也是如此。因此，在下行扫描曲线的顶部存在未填充的孔隙，这意味着扫描曲线的滞后通常比边界曲线要窄得多。这种效应可以用来验证解吸的渗透模型（Liu et al.，1993）。

## 2.3.4　孔径大小空间分布

在渗流分析的发展过程中（Seaton，1991），研究人员推测吸附等温线会导致孔径分布不受孔隙协同效应的影响。然而，吸附也被证明还是受这种效应的影响，因此对孔隙连通性敏感。影响气体吸附的两种孔隙协同效应是高级凝结（或高级吸附）和（网络）延迟凝结。

高级凝结的操作可以通过设置一个简单的墨水瓶通孔，该孔由两个相同的、狭窄的圆柱形孔颈组成，一端与一个更大的圆柱形孔体同轴相连。根据圆柱形弯液面的 Kelvin 方程，凝结会发生在孔颈中。填充的孔颈将横跨孔体两端的半球形弯液面。如果孔体的半径小于孔颈的两倍，那么颈部的圆柱形弯液面凝结时也会通过半球形弯液面，因而凝结压力超过孔体的凝结压力。这意味着孔体将在与孔颈相同的压力下被填满，即使孔体尺寸更大。相反，如果孔体的大小是孔颈的两倍多，它只会在更高的压力下填充（通过半球形弯液面上的凝结）。因此，如果孔体尺寸小于与颈部尺寸的临界比值，则不能通过氮吸附明显区分。如果墨水瓶孔的颈部和主体都是独立的圆柱体，它们将以 Kelvin 方程中圆柱形弯液面对应的压力填充。高级凝结效应打破了凝结压力和孔隙大小之间的独特关系。高级凝结效应的存在可以在一定程度上缩小从吸附等温线中获得的表观 PSD，其取决于不同尺寸的颈部和孔体的相对位置（Esparza et al.，2004；Matadamas et al.，2016）。

然而，高级凝结和孔隙阻塞之间的一个关键区别是，前者会在多孔颗粒中心的中心方向起作用，也会在远离多孔颗粒中心的中心方向起作用，而孔隙阻塞只会在颗粒中心方向起作用。为了证明这种差异，以两个简单的孔隙结构模型为例，一个是墨水瓶通孔，孔体的两侧是窄颈；另一个是漏斗型通孔结构，两个大孔体之间有一个狭窄的颈。在这两种情况下，窄颈可以作为高级凝结的起始点，但只有在墨水瓶孔的情况下，孔体才会出现孔堵塞。因此，这两种效应的存在表明墨水瓶式的排列方式，而只有高级凝结的存在就意味着漏斗状的排列方式。在实际材料中，这些排列可以表现在核壳涂层型结构中，小孔集中在多孔颗粒的核心，大孔集中在周围的涂层中，反之亦然。如果颗粒尺寸、核和涂层尺寸较大，使得颗粒可以分裂成比核和涂层尺寸小的更细的颗粒，则可以从破碎后等温线的变化中检测到原始的孔径排列。如果吸附和解吸等温线在破碎后都改变了位置和形状，那么就发生了孔隙阻塞，但如果只有吸附等温线发生了变化，那么就发生了高级凝结。

另一种可能影响吸附等温线的孔隙间协同效应的是延迟冷凝。这种效应的产生是因为给定孔中的凝结压力实际上是由存在的孔隙电势决定的，而不是由于孔隙的大小。在分子尺度上，由于高度弯曲的固体壁的吸引力足够强，有助于吸附质分子在空间中集中，并诱导吸附质短暂的致密化，更容易成核凝结，因此吸附质冷凝能在压力低于本体的受限几何空间发生。靠近孔腔的固体壁越多，其中的孔隙电势就越大，因此实现凝结所需的压力就越低。一个孤立的球形腔在整个外围都有固体壁。然而，一个具有相同特征半径的球形孔体，若有相邻的圆柱形孔颈，会在颈部与本体相连的实心壁上有"孔"。后者的相同孔体中心半径范围内的固体量小于前者，因此，有颈部的腔体的孔隙电位较低。假设吸附质可以以某种方式进入，对于完全固体壁的空腔，毛细凝聚压力较低。由于孔壁上的孔数量随着连通性的增加而增加，那么对于一系列名义上大小相同但颈部相连数量不同的孔腔，凝聚压力取决于孔隙的连通性。根据颈部尺寸的不同，一些可能会在孔体之前填充冷凝物，这种冷凝物会有效地填充壁上的一些孔，从而降低孔体内必要的冷凝压力。因此，在一个孔体内凝结的特定压力取决于与孔颈的连接性和它们的特定大小，以及孔体本身的大小。这表明，对于复杂、不规则的多孔固体，单靠气体吸附等温线不足以获得准确的孔径分布。通过将气体吸附与其他技术相结合来提高孔径分布可靠性将在第 6 章中进行讨论。

# 2.4  结论

由于气体吸附是一种间接的表征方法，它不能提前指定获得孔隙尺寸分布所需的所有选项。因此，需要建立一些假设，同时结合后续的发现或独立的方法进行验证。

基于 Kelvin 方程的孔径测量方法在 10nm 左右，甚至 5nm 左右都是有效的。由于使用 NLDFT 的 PSD 方法仍然是基于孔隙空间是由一组独立孔组成的模型，在描述单个孔凝结机理的准确性方面误差较大，与考虑孔之间的协同效应（如高级凝结等）相比。

# 参考文献

［1］ Androutsopoulos GP, Salmas CE (2000) A new model for capillary condensation—evaporation hysteresis based on a random corrugated pore structure concept: prediction of intrinsic pore size distributions. 1. Model Formulation. Ind Eng Chem Res 39 (10): 3747–3763

［2］ Aukett PN, Jessop CA (1996) Assessment of connectivity in mixed meso/macroporous solids using nitrogen sorption. Fundamentals of adsorption. Kluwer Academic Publishers, MA, pp 59–66

［3］ Barrett EP, Joyner LG, Halenda PP (1951) The Determination of Pore Volume and Area Distributions in Porous Substances. I. Computations from Nitrogen Isotherms. J Am Chem Soc 73 (1): 373–380

［4］ Broekhoff JCP, De Boer JH (1967) Studies on pore systems in catalysis X: calculations of pore distributions from the adsorption branch of nitrogen sorption isotherms in the case of open cylindrical pores. J Catal 9: 15–27

［5］ Chuang IS, Maciel GE (1997) A detailed model of local structure and silanol hydrogen banding of silica gel surfaces. J Phys Chem 101: 3052–3064

［6］ Cohan LH (1938) Sorption hysteresis and the vapor pressure of concave surfaces. J Am Chem Soc 60: 433–435

［7］ Crank J (1975) The mathematics of diffusion, 2nd edn. Clarendon Press, Oxford

［8］ Davydov VY, Kiselev AV, Zhuralev LT (1964) Study of surface and bulk hydroxyl groups of silica by infra-red spectra and D2O exchange. Trans Farad Soc 60: 2254–2264

［9］ Do D (1998) Adsorption analysis: equilibria and kinetics. Imperial College Press, London

［10］ Esparza JM, Ojeda ML, Campero A, Dominguez A, Kornhauser I, Rojas F, Vidales AM, Lopez RH, Zgrablich G (2004) N－2 sorption scanning behavior of SBA－15 porous substrates. Colloids Surf A 241: 35–45

［11］ Gelb LD, Gubbins KE (1998) Characterization of porous glasses: simultion models, adsorption isotherms, and the brunauer-emmett-teller analysis method. Langmuir 14: 2097–2111

［12］ Gelb LD, Gubbins KE (1999) Pore size distributions in porous glasses: a computer simulation study. Langmuir 15: 305–308

［13］ Gor GY, Huber P, Bernstein N (2017) Adsorption-induced deformation of nanoporous materials—a review. Appl Phys Rev 4: 011303

［14］ Gregg SJ, Sing KSW (1982) Adsorption. Surface area and porosity. Academic Press Inc., London

[15] Halsey GD (1948) Physical adsorption on non-uniform surfaces. J Chem Phys 16: 931-937

[16] Harkins WD, Jura D (1944) Surfaces of solids. XⅢ. An absolute method for the determination of the area of a finely divided crystalline solid. J Am Chem Soc 66: 1362-1366

[17] Hitchcock I, Malik S, Holt EM et al (2014) Impact of chemical heterogeneity on the accuracy of pore size distributions in disordered solids. J Phys Chem C 118 (35): 20627-20638

[18] International Standards Organisation (ISO) (2010) BS ISO 9277: 2010 Determination of the specific surface area of solids by gas adsorption—BET method. ISO, Switzerland

[19] Jagiello J, Jaroniec M (2018) 2D-NLDFT adsorption models for porous oxides with corrugated cylindrical pores. J Colloid Interface Sci 532: 588-597

[20] Karnaukhov AP (1985) Improvement of methods for surface area determinations. J Colloid Interface Sci 103 (2): 311-320

[21] Kierlik E, Monson PA, Rosinberg ML, Tarjus G (2002) Adsorption hysteresis and capillary condensation in disordered porous solids: a density functional study. J Phys Conden Matter 14: 9295-9315

[22] Kleitz F, François Bérubé F, Guillet-Nicolas R, Yang C-M, Thommes M (2010) Probing adsorption, pore condensation, and hysteresis behavior of pure fluids in three-dimensional cubic mesoporous KIT-6 silica. J Phys Chem C 114 (20): 9344-9355

[23] Kruk M, Jaroniec M, Sayari A (1999) New approach to evaluate pore size distributions and surface areas for hydrophobic mesoporous solids. J Phys Chem B 103: 10670-10678

[24] Landers J, Gor GY, Meimark AV (2013) Density functional theory methods for characterization of porous materials. Colloids Surf A 437: 3-32

[25] Liu HL, Zhang L, Seaton NA (1993) Analysis of sorption hysteresis in mesoporous solids using a pore network model. J Colloid Interface Sci 156 (2): 285-293

[26] Mahnke M, Mögel HJ (2003) Fractal analysis of physical adsorption on material surfaces. Colloids Surf A 216: 215-228

[27] Matadamas J, Alferez R, Lopez R, Roman G, Kornhauser I, Rojas F (2016) Advanced and delayed filling or emptying of pore entities by vapour sorption or liquid intrusion in simulated porous networks. Colloids Surf A 496: 39-51

[28] Matsuhashi H, Tanaka T, Arata K (2001) Measurement of heat of argon adsorption for the evaluation of relative acid strength of some sulfated metal oxides and H-type zeolites. J Phys Chem B 105 (40): 9669-9671

[29] Murray KL, Seaton NA, Day MA (1999) An adsorption-based method for the characterization of pore networks containing both mesopores and macropores. Langmuir 15: 6728-6737

[30] Neimark AV, Ravikovitch PI (2001) Capillary condensation in mms and pore structure characteri-zation. Micropor Mesopor Mater 44: 697-707

[31] Pfeifer P, Johnston GP, Deshpande R, Smith DM, Hurd AJ (1991) Structure analysis of porous solids from preadsorbed films. Langmuir 7 (11): 2833-2843

[32] Ravikovitch PI, O' Domhnaill SC, Neimark AV, Schuth F, Unger KK (1995) Capillary hysteresis in nanopores: theoretical and experimental studies of nitrogen adsorption on MCM - 41. Langmuir 11: 4765-4772

[33] Seaton NA (1991) Determination of the connectivity of porous solids from nitrogen sorption measurements. Chem Eng Sci 46 (8): 1895-1909

[34] Thommes M, Katsumi K, Neimark AV et al (2015) Physisorption of gases, with special reference to the evaluation of surface area and pore size distribution (IUPAC Technical Report) . Pure Appl Chem 87 (9-10): 1051-1069

[35] Walker WC, Zettlemoyer AC (1948) A dual-surface BET adsorption theory. Y Phys Colloid Chem 52: 47-58

[36] Watt-Smith M, Edler KJ, Rigby SP (2005) An experimental study of gas adsorption on fractal surfaces. Langmuir 21 (6): 2281-2292

# 第3章

# 压汞法

## 3.1 基础理论

压汞法最初主要针对于大孔材料，因为传统气体吸附方法存在可以探测的孔径上限（Gregg et al.，1982）。对于大多数多孔材料来说，汞是一种非润湿的液体，因此需要一个超过饱和蒸汽压力的压力迫使其进入孔隙。这是因为进入小孔大大增加了汞与材料接触的表面面积，而表面张力（$\gamma$）与这种接触时的不利膨胀起反作用。因此，需要提高静水压力来克服这种阻力。压汞法通常作为准平衡实验进行。这意味着施加给汞的静水压力（$p^{\text{Hg}}$）小步阶增加，汞将进入孔隙，此时孔内绝对压力已经大到足以克服表面张力。根据杨—拉普拉斯方程的一个特例，计算使汞进入孔隙所需的压力（Gregg et al.，1982）：

$$p^{\text{Hg}} - p^{\text{g}} = -\gamma\left(\frac{1}{r_1} + \frac{1}{r_2}\right) \tag{3.1}$$

式中，$p^{\text{g}}$ 为被抽真空的多孔样品中的残余气体压力；$r_1$ 和 $r_2$ 为汞—气体弯液面的曲率半径。

进入圆柱形孔隙时，弯液面是球体的一部分，因此：

$$r_1 = r_2 = r_{\text{p}}\cos\theta \tag{3.2}$$

式中，$\theta$ 为汞—气体—固体接触角（对于非润湿流体，$\theta > 90°$）。结合式（3.1）和式（3.2）给出了一个表达式：

$$p^{\text{Hg}} - p^{\text{g}} = \Delta p = \frac{-2\gamma\cos\theta}{r_{\text{p}}} \tag{3.3}$$

这通常被称为 Washburn 方程，提供了一个汞压力与孔径间简单的关系式。

表面张力通常取为 480mN/m。通常假设接触角为 130°~140°。然而，压汞法仅是一种相对方法，必须获得给定样品的表面张力和接触角的合适值。接触角通常取决于表面化学性质和粗糙度（Wenzel，1949）。接触角可以从静滴法实验

（Giesche，2006）中得到。实验中，样品通常被磨成粉末并压实成扁平状。然后将一滴汞滴加在其上，并在显微镜下观察其形状以确定接触角。当样品倾斜时，液滴开始在粉末表面运动，通常会发现向前接触角与向后接触角不同，这被称为接触角滞后。

　　然而，微孔中汞弯液面的表面张力和曲率半径处的接触角值可能与静滴法实验测量大孔时有很大的不同。因此，提出了 Washburn 方程中 $\gamma\cos\theta$ 项校准的替代方法。一种选择是使用一种具有规则孔隙的标准材料，可以通过独立的方法获得汞的进出压力及孔隙的大小。例如，Liabastre 和 Orr（1978）利用电子显微镜和压汞法研究了可控孔玻璃的形态。这些工作人员通过显微镜直接观察来测量玻璃中的孔隙直径。假设接触角和表面张力为固定值，将这些值与通过式（3.3）汞进出孔隙测定得到的相应值进行了比较。随后，Kloubek 在 1981 年利用这些数据来确定汞的弯液面前进和后退时，$\gamma\cos\theta$ 随孔隙半径变化的关系。Kloubek（1981）得到了如下表达式：

$$\gamma\cos\theta = A + \frac{B}{r} \tag{3.4}$$

　　式中：$A$ 和 $B$ 是常数，其值取决于汞弯液面是前进还是后退。可控孔玻璃的这些常数的值及其适用的孔径范围见表 3.1。

**表 3.1　常数 $A$、$B$ 的值及其适用性范围（可控孔玻璃）**

| 项目 | $A$ | $B$ | 适用性范围/nm |
|------|------|------|------|
| 前进 | −302.533 | −0.739 | 6~99.75 |
| 后退 | −68.366 | −235.561 | 4~68.5 |

　　常数 $A$ 和 $B$ 的值可以通过把式（3.4）代入式（3.3）得到，并根据孔径的独立测量方法，对特定多孔固体的汞进出压力进行校准。

　　用压汞法测定可控孔玻璃中 $A$ 和 $B$ 的值也可用于分析新样品的原始孔测定数据。如果新材料的侵入和收缩曲线先验叠加，那么从可控孔玻璃中确定的 $A$ 和 $B$ 的值也必须适用于新材料。如果没有这样的叠加，那么控制 $\gamma\cos\theta$ 值的新材料和控制孔玻璃（CPGs）表面层面在某种程度上是不同的，在这种情况下 $A$ 和 $B$ 的值会不同，或者有其他一些原因导致滞后（将在后面讨论）。这种叠加已经被用于多种二氧化硅材料的孔隙率测量，如气相和溶胶—凝胶硅（Rigby et al.，2002）。气相硅和溶胶—凝胶硅与可控孔玻璃具有相似的表面化学性质。如将在第 4 章所述，单独测量小角度 X 射线散射（SAXS）可以获得多孔材料表面粗糙度。研究发现，使用 Kloubek（1981）相关性实现孔隙度曲线叠加的二氧化硅材料与 CPGs（Rigby et al.，2010）具有相似的表面分形维数（根据 SAXS 测得）。此外，虽然与 CPGs 表面分形维数（2.20±0.05）显著不同的硅表面没有实现孔隙测量曲线的叠加，但在有相似表面粗糙度其他类型表面化学实现了叠加（如 Rigby 等在 2017 年测定的硅氧化铝）。这可能表明压汞法接触角滞后主要由表面粗糙度效应决定，至少对于硅质材料是这样。式（3.4）中参数的常数值及其孔径适用范围已被建议用于氧化铝（Rigby，2000a），详见表 3.2。最近，Wang et al.（2016）利用分子动力学阐述了碳表面的 $\gamma\cos\theta$ 项与表面曲率（孔隙半径）变化的相关性。

表 3.2 常数 $A$、$B$ 的值及其适用范围（氧化铝）

| 项目 | $A$ | $B$ | 适用性范围/nm |
|---|---|---|---|
| 前进 | −302.533 | −0.739 | 6~99.75 |
| 后退 | −40 | −240 | 4~68.5 |

在部分孔度曲线中，Kloobek（1981）相关性实现叠加，有时曲线的其他部分也不会重叠。这表明除了接触角效应外，还有其他原因导致的剩余滞后。关于这种与结构有关的剩余滞后，人们已经提出了许多理论，将在下面进行讨论。然而，值得注意的是，即使没有接触角滞后，对于圆锥形死端的圆柱形孔，汞侵入和挤压过程中可能会出现滞后现象。迟滞的程度取决于锥体顶角的锐度（Kloubek，1981）。

若要进入比简单圆柱体更复杂的孔隙结构，该理论会变得复杂，而且大多数材料实际上的孔隙都不是规则的圆柱体。例如，当汞从圆柱形孔进入球形孔时，会产生弯曲性效应（Felipe et al.，2006）。当汞的弯液面到达圆柱形孔口时，汞主体的进入停止了，因为前行弯液面的圆顶必须膨胀到球形孔体的侧面，由于它们远离圆柱体的轴线，因此必须重建正常的前进接触角。即使孔体的特征尺寸大于颈部，弯液面的扩张也需要毛细管压力的增加，而孔体与颈部尺寸的比例越大，这种额外的压力屏障越大。弯曲性效应的影响是，对于通过狭窄颈部进入的宽孔体组成的空隙，颈部的明显屏蔽效应比预期的更明显。

在多孔介质中常遇到的一种孔隙几何结构，它不是圆柱形的，而是粒子的随机堆积，如球体的填充。如图 3.1 所示，溶胶—凝胶硅由沉积的球形溶胶颗粒堆积而成，而气相硅，如 Cab-O-Sil 或气溶胶，也由球形颗粒堆积而成。进入这类堆积体受到存在于球形孔之间的狭窄窗口控制。Mayer 和 Stowe（1965）研究汞渗透一个球形堆积窗口时提出一个关于压力突破的著名理论。虽然这一理论因假设汞表面与固体球的相交完全在孔隙最小截面平面内而受到批评，但引入的误差很小（Bell et al.，1981）。

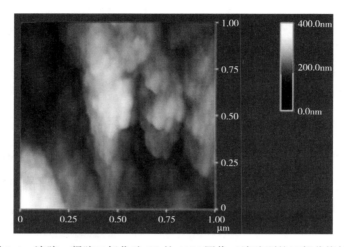

图 3.1　溶胶—凝胶二氧化硅 G2 的 AFM 图像（溶胶颗粒已部分烧结）

　　Martic 等人在 2002 年，Hyväluoma 等人在 2007 年分别用分子动力学和晶格玻尔兹曼方法直接模拟了汞渗透的物理过程。然而，虽然这些技术可以处理复杂的空间几何，但非常耗时。由于计算的限制，只用于样本体积非常小时。

　　由于汞在侵入孔隙时是按尺寸递减的顺序，因此，如果较大的孔隙只能通过较小的孔隙连通外部，就有可能产生所谓的孔隙屏蔽或孔隙遮蔽效应（图 3.2）。其中，对于平行孔束，每个孔都被检测到，但对于水瓶状孔，大孔被屏蔽在小孔后面，如果大孔隙位于小孔隙之外，汞的压力必须提高到进入小孔隙所需的压力，才能最终侵入较大的孔隙。这种效应（Diamond，2000）通常被认为是压汞法测定孔隙的一个严重缺陷，但实际上可以建设性地使用。

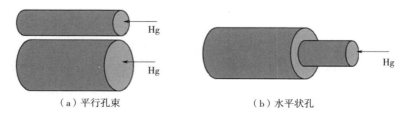

　　　（a）平行孔束　　　　　　　　　　　　（b）水平状孔

图 3.2　孔隙屏蔽效应的示意图

屏蔽现象意味着汞的入侵是渗滤过程，如氮气解吸。汞渗透曲线中的拐点通常被确定为渗透阈值（Katz et al.，1986）。渗滤阈值的位置和形式由孔隙空间的连通性、孔隙网络的大小和孔隙大小的空间相关性来决定。渗流转变的锐度与孔隙网络的大小有关。对于小网络，表面孔代表了整个网络的很大一部分，因此直达表面的大孔早期渗透往往会模糊过渡。

## 3.2　实验方法

对于压汞法实验，样品必须是干净的。这是因为前进的汞弯液面可以吸积表面的分子碎片，导致接触角的变化。样品也必须抽真空去除残留的空气，否则汞在逐渐渗透进样品时，残留的空气会抑制其进入。抽真空的样品被放置在一个称为汞渗透计的样品支架中，然后将样品浸在汞中。在大气压力下，汞只会进入大于 14μm 的孔隙，因此汞通常会围绕在样品颗粒表面，可以确定样品的体积。此后，可以逐步增加汞的静水压力，并通过监测汞库液位的下降来确定进入样品的汞量。一旦达到了机器使用的最大汞压，压力就可以再次小步阶地降低。图 3.3 显示了一个具有压汞法测试典型特征的数据集。

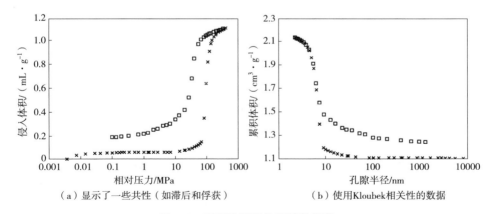

（a）显示了一些共性（如滞后和俘获）　　　（b）使用Kloubek相关性的数据

图 3.3　压汞法测量的原始数据集

从图 3.3（a）可以看出，侵入曲线和挤出曲线的高压部分在形式上非常相似。事实上，这一点在图 3.3（b）中得到了证实，图中的数据使用 Kloubek（1981）相关性进行了分析，从而实现了曲线顶部的叠加。

在孔隙率测定实验中，可能达到的极限最高压力通常取决于所使用的仪器。典型值为 30000psi 和 60000psi（即 207MPa 和 414MPa），分别对应 6~8nm 和 3~4nm 的孔径，这取决于假设的 Washburn 方程参数。与气体吸附一样，也可以进行扫描曲线和回路实验来确定。

由于压汞法测量需使用高压，样品必须机械稳定。在任何实际的汞侵入样品发生之前，样品都有可能被汞压非弹性压碎。由于汞的侵入是通过汞池液面的下降来监测的，因此由于破碎导致样品体积的减少与汞侵入样品现象不好区分。由于破碎而导致的样品体积减小是不可逆的，那么，当压力降低时，看起来就像这部分体积的汞被捕获在样品中。在这种情况下，汞的收缩曲线将趋向于一条水平线。有许多测试可以用来检查一个样品是否遭受了机械损伤。第一，如果有些汞确实在挤压时离开了样品，那么就有可能再次增加压力并重新侵入汞。如果样品没有受损，那么汞就应该遵循完全相同的路径回到样品中，从而重现原来的侵入曲线。但是，如果发生了机械损伤，汞的入侵将与第一次有显著的不同。第二，可以在孔隙率测定前后对样品进行称重。如果汞真的被俘获，则俘获体积可以从汞收回数据中获得。可以计算出由汞俘获引起的预期样品质量增加。如果样品有收缩，因此只有明显的俘获，那么实际上就不会出现汞，孔隙率测定后的样品重量也不会像预期的那样增加。第三，样品可以涂上刚性树脂或不透膜，使汞不能进入样品。任何明显的入侵都可能仅仅是由于内部结构的坍塌，因此与明显的俘获有关。图 3.4 显示了一个例子。可以看出，样品周围有一层几乎是完整的膜，明显的俘获了看似侵入，但实际不可能侵入的汞。

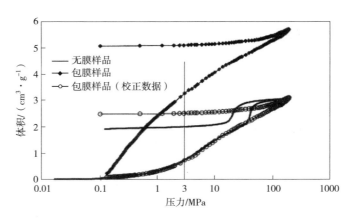

图 3.4　汞孔隙度曲线（体积随汞压力的变化）

转载自 Alie et al. , 2001 年，经 Elsevier 许可。

对于压汞法测量实验还有另一种替代方案，即改变压力以保持汞进入样品的流速恒定，这些压力变化就可以从结构层面来解释（Yuan et al.，1989）。但所采用的设备不太常用，且原始数据集比传统的准平衡压汞实验更难解释。这里将不再进一步讨论该技术。

# 3.3　相关测试

## 3.3.1　表面积和孔径分布

如果已知样品的重量，则可以知道在每个压力段中进入样品的汞的体积。因此，可以推断出压力步阶两端的压力所对应尺寸范围内的孔隙体积。可以得到与所用压力阶跃对应的一组面元之间的孔隙体积直方图。通过对孔隙的几何形状进行假设，可以确定表面积，如圆柱形孔隙的表面积与体积比是半径的两倍。

当样品被汞压力压碎时，仍然可以获得孔径分布，但需要用 Washburn 方程（或类似方程）进行替代数据分析。例如，如果孔隙可以被视为一个薄壁压力容器，那么可以使用欧拉屈曲方程，如对于尺寸为 $L$ 的立方孔隙（Alié et al.，2001）：

$$L = \frac{K_E}{P^{0.25}} \tag{3.5}$$

式中，$P$ 为压碎孔所需的压力，$K_E$ 为：

$$K_E = (n\pi^2 EI)^{0.25} \tag{3.6}$$

式中，$E$ 为弹性模量；$I$ 为一个几何因子。

图 3.5 显示了一个数据集的实例（与图 3.4 中所用材料相同），其中包括样品破碎和侵入的机制。约 30MPa 处的折线对应于机制之间的过渡区。到 30MPa 时扫描曲线与被膜覆盖样品的扫描曲线形状相似，如图 3.4 所示，这是由于样品破碎造成的。从大气压力到 200MPa 的再侵入，以及随后的收缩则是由于实际汞侵入样品。样品（实线）至 200MPa 的压汞测量曲线（体积随压力变化）；（实心方形）直至 30MPa（空心方形，实验结束后 12h 记录最后点），（×号指示线）部分压实至 30MPa 的样品升压至 200MPa。

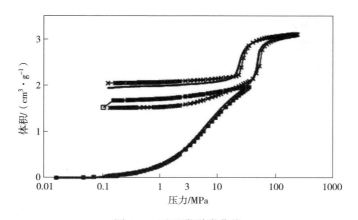

图 3.5　汞吸附脱附曲线

转载自 Alié et al.，2001 年，经 Elsevier 许可。

## 3.3.2　孔隙网络几何形状

　　汞收缩曲线是关于多孔固体的孔空间结构的潜在信息来源。然而，即使在高度有序的材料中汞收缩也是一个非常复杂的过程。例如，在某些情况下，即使是从直的圆柱形毛细管上产生的收缩，也可能与汞俘获有关，如图 3.6 所示。如果允许从管道两端进入的汞的两个弯液面合并，它们将形成从一端到另一端一条连续的汞线。

图 3.6　在压汞法测定后，汞（黑色）困在硅玻璃的直圆柱形孔内的照片

转载自 Hitchcock et al.，2014 年，

经 Elsevier 许可。

　　然而，为了使汞在改变压力变化的方向时能够立即后退，它必须拥有一个自由的弯液面。如果汞在圆柱体内保留了一个自由的弯液面，它可以逆转方向和挤出而不被卡住。在这种情况下，随着接触角首先调整回缩值时，汞顶部首先变平，导致侵入体积随着压力的增加略有减小，如图 3.7 中 CPG 样品的扫描曲线所示。接触线的位置只有在挤压接触角确定后才会后退，这表现为随着压力的减小，汞体积有一个大的减小，如图 3.7 中压力低于 17.9MPa 时的扫描曲线所示。

　　如果没有自由弯液面，必须在汞线收缩之前创建一个。这一过程称为断开。

自由弯液面的创建需要能量，汞压必须降低，超过仅仅由于接触角滞后所预期的压力，才能拉伸汞线，直到它断裂。这往往导致回撤曲线在断裂处出现直角下降，如图 3.7 所示，标称孔径为 24nm 的 CPG 样品，汞侵入压力高达 414MPa（实心菱形），随后降至环境气压（空心正方形），还显示了压力 48.1MPa（乘法符号）的扫描曲线从 414MPa 收缩至 13.8MPa 处所示。利用平均场密度泛函理论模拟了需要中断时的延迟效应（Rigby et al.，2011）。

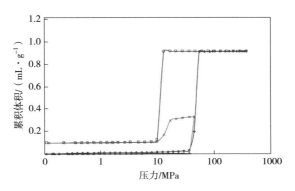

图 3.7　CPG 样品的吸附曲线

转载自 Hitchcock et al.，2014 年，经 Elsevier 许可。

如果过程发生在一个直的、规则的圆柱体中，孔隙空间就没有特定的特征沿圆柱体来挑选位置点。因此，在这种情况下，断开可能同时发生在多个位置，这样介于两个断开位置之间的汞就会断连。为了使汞能从样品中"撤退"，它必须通过一个连续的充满汞的途径，保持与外部汞浴的连接。如图 3.6 所示，当该连接中断时，汞就会被困住。

在比直圆柱体更复杂的几何结构中，空隙空间的形状可能使得某些特定区域比其他区域更有利于汞的断连。由于狭窄的孔颈连接到较宽的孔体时，断连过程增强，如图 3.8 所示。对汞收缩过程中颈部的特写成像研究表明，随着汞压力的降低，汞形成沙漏形，逐渐变小最终消失，发生断裂（Tsakiroglou et al.，1998）。如果大孔体夹在两个孔颈之间，并在孔颈间发生断连，则孔内的汞可以被俘获。如图 3.8 所示，由不同大小的孔体穿插着狭窄的孔颈组成的孔网络的玻璃微观模型的实验表明，随着孔体与孔颈之比的增加，被俘获的汞数量增加。一些研究人员认为，断开通常发生在尺寸的断开比大于 6 时（Matthews et al.，1995）。因此，在压汞法孔隙度曲线中，高压下出现的陡峭侵入曲线和汞的高俘获均与宽孔体之间散布有狭窄颈的空隙有关。

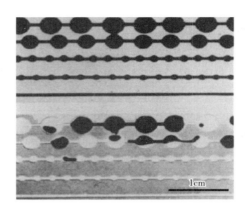

图 3.8　在蚀刻玻璃微模型中汞的侵入和捕获（黑色）

转载自 Wardlaw et al.，1981 年，经 Elsevier 许可。

　　在玻璃微模型中，从更复杂的网络中提取汞的研究也表明，汞也倾向于异质结构捕获，即大孔的孤立区域被毛细孔包围，如图 3.9 所示（Wardlaw et al.，1981）。从图 3.9 可以看出，汞在被较小孔隙包围的大孔隙区域的边界断裂，汞优先被困在较大的孔隙中。

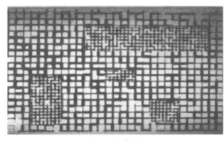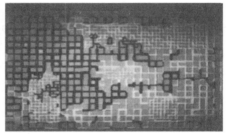

（a）充满汞　　　　　　　　　　　　　（b）汞收缩

图 3.9　具有非随机异质性的玻璃微观模型

转载自 Wardlaw et al.，1981 年，经 Elsevier 许可。

　　玻璃微观模型能直接观察汞在复杂空洞中侵入和收缩时所通过的复杂空间，为汞弯液面行为的分析模型提供了支撑。例如，Tskairoglou 和 Payatakes（1990，1998）的研究中证明在汞侵入玻璃片蚀刻二维网络时产生了晶状体喉（颈部）。他们还阐述了通过各种可能几何形状的弯液面时汞收缩和断开压力的表达式，可以用于汞从孔体—孔键网络中收缩过程的模拟。

上述对玻璃微观模型的研究表明汞可以被包裹在各种孔隙结构中。根据第 2 章中提到的气体吸附等温线和滞后回路,按照类型学分类的思路方法,现在已经有了一些尝试(Day et al.,1994),制定了压汞法孔隙度测定数据的分类方案,可以将数据的形式与孔隙空间的本质联系起来。然而,传统的压汞法孔隙测定实验的边界曲线并没有提供足够的信息来确定哪种特定的孔隙几何形状导致了汞的富集。因此,需要更多的信息,可以使用孔隙网络模拟器进行分析。

### 3.3.3　汞孔隙率测定模型

汞入侵中孔隙屏蔽效应的存在以及汞孔隙度表征数据的非直接给出的特性,意味着需要进行数据分析以获得无屏蔽的 PSD 解释模型。结构模型试图通过只考虑最影响压汞法孔隙度测定数据的主要特征来简化真实无序材料的复杂结构。简化的过程通常需要采用一系列的假设。用于解释压汞法孔隙度测定数据的结构模型有多种不同的形式。

最早的模型用规则的欧几里得形状取代了无序材料中真实孔隙的复杂形状。这是为了能够使用汞入侵的简单解析表达式,如 Washburn 方程。第一个模拟器是基于二维孔—键网络(Fatt,1956;Androutsopoulos et al.,1979),其中单个孔由简单的几何形状表示,如直圆柱体或裂缝,排列在像正方形平面的晶格中,类似于图 3.9。后来的模型使用了随机的三维孔—键网络(Portsmouth et al.,1991)。更复杂的孔隙几何形状可以使用包括孔体和孔键组成的网络来表示(Tsakiroglou et al.,1990;Matthews et al.,1995;Felipe et al.,2006)。如 Pore-Cor 模型具有圆柱形孔键和立方孔体,如图 3.10 所示。随机结构具有 25% 的孔隙率,孔径最小 0.01μm,中位数 0.1μm,最大直径 1μm。

结构模型越复杂,那么充分表征它所需的描述就越多。例如,最简单的正方形平面孔—键网络具有固定的孔隙连通性,可以用孔键的孔径分布来描述。孔隙大小的空间排列方式是随机的。对于随机的三维孔—键网络,每个节点上的孔配位数可以发生变化。孔配位数可以跨节点恒定,或者有自己的分布。对于孔体和孔键的网络,每个都可能有一个单独的大小分布。此外,孔大小可以与空间相关,如图 3.9 所示,并通过相关函数来描述。相关函数描述了两个给定孔隙具有相同尺寸大小的概率,及如何随它们之间的距离而变化。

由于需要更多的描述来表征一个结构模型,因此需要输入更多的数据来确定这些描述符的参数。但简单的汞入侵曲线,所使用的测量仪器可能达到的最大极限压力也只能提供必要的数据,以确定最简单结构模型的参数,如正方形的平面

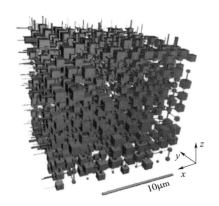

图 3.10　Pore-Cor 孔单元细胞的三维模型

转载自 Laudon et al.，2008 年，经 Elsevier 许可。

网络（Androutsopoulos et al.，1979）。随着可能模型复杂度的增加，需要更多的数据源。压汞法孔隙测定技术具有测定灵活的优势，可以提供这些功能。例如，可以进行扫描曲线和循环实验，这将在下一节中讨论，并将展示如何使用它们来推导模型孔隙连通性。

## 3.3.4　孔网拓扑结构

对随机孔隙网络上汞入侵和收缩的模拟表明，给定一种特定的机制，预测的汞俘获水平取决于分布内的孔隙连通性和孔隙大小的范围（Portsmouth et al.，1991）。这意味着，汞俘获水平本身并不是孔隙连通性的明确指标。因此，对给定的样本，需要提取更多的观测值来估计孔隙连通性。

此外，可观察量还可以从压汞法孔隙率扫描回路或微型（滞后）回路实验中提取。微型（滞后）回线的想法最初是由 Reverberi et al. 在 1996 年提出。微型回路如图 3.11 所示，其可以在汞入侵或回缩过程的边界上进行。压汞法测孔隙率的扫描曲线类似于气体吸附法。在侵入边界曲线上，压力增加到某个最大值（图 3.11 中的点 B），此时逆转压力变化的方向，部分汞可能从样品中收缩（在图 3.11 中沿曲线 BC）。在回缩过程达到环境压力之前，压力变化方向再次反转（点 C），并增加到之前的最大压力（点 B），并能继续增加压力直到仪器使用的最大值（点 D）。在收缩边界曲线（图 3.11 中的曲线 DH）上，压力可以降低到某个点（图 3.11 中的点 F），压力变化的方向逆转，开始重新侵入，并上升到小于最终可能的压力点（如点 G），压力变化的方向再次逆转，并可能发生挤压，直到压力重新达到点 F。如图 3.11 所示，由此得到的小环的形状可以用各种参数来表征，这为真实材料的约束特性提供了补充的观测值。$V_{tot}$ 分别是在边界侵入或挤压曲线上的小环的压力范围内侵入或挤出样品的汞的总体积。通常，在小循环本身过程中，侵入或挤出样品的汞体积的低值被标记为 $V_m$。$V_{tot}$ 和 $V_m$ 之间的差值记为 $V_{trap}$。

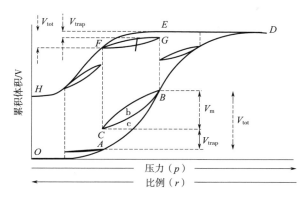

图 3.11　在整体侵入和挤出曲线上的微小滞后环

转载自 Portsmouth et al.，1991 年，经 Elsevier 许可。

　　由于侵入边界曲线小回路从较高的压力端开始，其中汞已经突破了窄颈导致的一些屏蔽，因此小回路的再侵入部分不受边界曲线本身存在的一些屏蔽效应的影响。因此，如果无缝获得覆盖入侵曲线的压力范围内一系列小环，则可以利用得到的再入侵曲线集获取部分免屏蔽的孔径分布。对随机孔隙网络上汞入侵和收缩的模拟也表明 $V_m/V_{tot}$ 比例的变化形式，无量纲地（以最小网络孔径为参考），给定小环的平均孔径尺寸（图 3.12）唯一地取决于孔隙网络的连通性。研究发现，$V_m/V_{tot}$ 函数随无量纲环平均孔径的变化形状与用于定义函数的小环数量和网络的孔径概率密度函数的形状无关。因此，通过结合捕获量和 $V_m/V_{tot}$ 比例以及无量纲环平均孔径的变化，可以推导出给定多孔材料的孔隙连通性。显示了如何提高压汞法孔隙测定实验的复杂性去获取更多必要的信息，对真实多孔材料进行更详细的描述。

## 3.3.5　孔径空间相关性

　　增加压汞法测定实验中信息还可以以某些关键方式修改样品，实际上是利用在压汞法测定孔隙中，汞必须从样品外部渗透。修改方式包括样本尺寸的变化和在样品外部覆盖某种防汞涂层（如在第 3.2 节中提到的膜）。

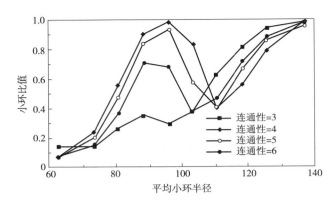

图 3.12　小环比值 $V_m/V_{tot}$ 随平均小环半径的变化

转载自 Portsmouth et al., 1991 年，经 Elsevier 许可。

　　坚固的样品，如陶瓷催化剂颗粒或岩芯，可以破碎成不同颗粒大小的样品。研究发现，汞侵入曲线的形状和俘获水平随从毫米级到 $10\sim100\mu m$ 催化剂颗粒大小的变化而变化（Rigby，2000b）。如第 2 章 2.3.3 和第 3 章 3.1 所述，渗流转变的形状取决于整体孔隙网络晶格大小（样品颗粒内）和内部孔隙大小的空间相关程度。如果孔网络由完全随机排列的孔构成且孔大小远低于晶格边长（如纳米尺寸），改变晶格大小的碎片从毫米级颗粒成为 $10\mu m$ 大小的粉末碎片不会改变入侵曲线的形状。然而，如果颗粒在宏观上是不均匀的，即它在孔径上具有大尺度的空间相关性，那么破碎颗粒可能会去屏蔽大量较大的孔隙，导致渗流转变形状的变化。当样品破碎时，汞侵入面线可能会变得更圆，并向更大的孔径转移。

　　如果样品材料在孔隙大小上具有大尺度的空间相关性，类似于图 3.9 中的玻璃微观模型，则破碎可以减少或消除汞的俘获。如果样品被分割成异质性长度尺度或更小的，那么大孔的"岛"周围的小孔"海"的屏蔽就会被消除。因此，汞的弯液面在大、小孔隙边界处断裂的可能性降低，被俘获的可能性也降低。样品碎片化后汞俘获水平的下降可以反映长度尺度大于碎粒的孔隙大小的空间相关性程度。这些数据与模拟不同空间相关模式的模型结合使用，利用俘获来约束孔隙大小的空间排列模型（Rigby，2000b）。

# 3.4　结论

　　压汞法孔隙测量是一种间接表征方法，在缺乏来自其他方法的支持信息的情况下，在开展实验前需对孔隙和网络几何情况进行假设。当补充显微观察获得的孔隙形状和网络信息，以及前期实验获得的接触角和表面张力数据时，可以从标准实验产生的边界曲线得到绝对孔隙尺寸分布。此外，压汞法孔隙测量是一种非常灵活的技术，它允许复杂的实验条件，如扫描曲线和循环实验，这可以极大地补充基本边界曲线的信息。这些实验增加了可以获得的孔隙空间描述符的数量，如孔隙连通性等参数。

# 参考文献

［1］ Alié C, Pirard R, Pirard J – P（2001）Mercury porosimetry applied to porous silica materials：successive buckling and intrusion mechanisms. Colloids Surf A 187-188：367-374

［2］ Androutsopoulos GP, Mann R（1979）Evaluation of mercury porosimeter experiments using a network pore structure model. Chem Eng Sci 34（10）：1203-1212

［3］ Bell WK, Van Brakel J, Heertjes PM（1981）Mercury penetration and retraction hysteresis in closely packed spheres. Powder Technol 29（1）：75-88

［4］ Day M, Parker IB, Bell J, Fletcher R, Duffie J, Sing KSW, Nicolson D（1994）Modeling of mercury intrusion and extrusion. In：Rodríguez – Reinoso F, Rouquerol J, Unger KK, Sing K（eds）Characterisation of Porous Solids Ⅲ（COPS Ⅲ）. Stud Surf Sci Catal 87：225-234

［5］ Diamond S（2000）Mercury porosimetry—an inappropriate method for the measurement of pore size distributions in cement-based materials. Cem Concr Res 30（10）：1517-1525

［6］ Fatt I（1956）The network model of porous media. 1. Capillary pressure characteristics. Trans Am Inst Min Met Engrs 207（7）：144-159

［7］ Felipe C, Cordero S, Kornhauser I, Zgrablich G, López R, Rojas F（2006）Domain complexion diagrams related to mercury intrusion-extrusion in Monte Carlo-simulated porous networks. Part Part Syst Charact 23（1）：48-60

［8］ Giesche H（2006）Mercury porosimetry：a general（practical）overview. Part Part Syst Charact 23：9-19

［9］ Gregg SJ, Sing KSW（1982）Adsorption. Surface area and porosity. Academic Press, London

［10］ Hitchcock I, Lunel M, Bakalis S, Fletcher RS, Holt EM, Rigby SP（2014）Improving sensitivity and accuracy of pore structural characterisation using scanning curves in integrated gas sorption and mercury porosimetry experiments. J Colloid Interface Sci 417：88-99

［11］ Hyväluoma J, Turpeinen T, Raiskinmäki P, Jäsberg A, Koponen A, Kataja M, Timonen J, Ramaswamy S（2007）Intrusion of nonwetting liquid in paper. Phys Rev E 75：036301

[12] Katz AJ, Thompson AH (1986) Quantitative prediction of permeability in porous rock. Phys Rev B 34 (11): 8179-8181

[13] Kloubek J (1981) Hysteresis in porosimetry. Powder Technol 29 (1): 63-73

[14] Laudon GM, Matthews GP, Gane PAC (2008) Modelling diffusion from simulated porous structures. Chem Eng Sci 63 (7): 1987-1996

[15] Liabastre AA, Orr C (1978) Evaluation of pore structure by mercury penetration. J Colloid Interface Sci 64: 1-18

[16] Martic G, Gentner F, Seveno D, Coulon D, De Coninck J, Blake TD (2002) A molecular dynamics simulation of capillary imbibition. Langmuir 18 (21): 7971-7976

[17] Matthews GP, Ridgway CJ, Spearing MC (1995) Void space modeling of mercury intrusion hysteresis in sandstone, paper coating and other porous media. J Colloid Interface Sci 171: 8-27

[18] Mayer RP, Stowe RB (1965) Mercury porosimetry—breakthrough pressure for penetration between packed spheres. J Colloid Interface Sci 20 (8): 893-911

[19] Portsmouth RL, Gladden LF (1991) Determination of pore connectivity by mercury porosimetry. Chem Eng Sci 46 (12): 3023-3036

[20] Reverberi A, Ferraiolo G, Peloso A (1966) Determination by experiment of the distribution function of the cylindrical macropores and ink bottles in porous systems. Ann Chim 56 (12): 1552-1561

[21] Rigby SP (2000a) New methodologies in mercury porosimetry. In: Rodriguez – Reinoso F, McEnaney B, Rouquerol J (eds) Characterization of Porous Solids Ⅵ (COPS-Ⅵ). Stud Surf Sci Catal 144: 185-192

[22] Rigby SP (2000b) A hierarchical structural model for the interpretation of mercury porosimetry and nitrogen sorption. J Colloid Interface Sci 224 (2): 382-396

[23] Rigby SP, Chigada P (2010) MF-DFT and experimental investigations of the origins of hysteresis in mercury porosimetry of silica materials. Langmuir 26 (1): 241-248

[24] Rigby SP, Edler KJ (2002) The influence of mercury contact angle, surface tension and retraction mechanism on the interpretation of mercury porosimetry data. J Colloid Interface Sci 250: 175-190

[25] Rigby SP, Chigada PI, Wang J, Wilkinson SK, Bateman H, Al-Duri B, Wood J, Bakalis S, Miri T (2011) Improving the interpretation of mercury porosimetry data using computerised X-ray tomography and mean-field DFT. Chem Eng Sci 66 (11): 2328-2339

[26] Rigby SP, Hasan M, Stevens L, Williams HEL, Fletcher RS (2017) Determination of pore network accessibility in hierarchical porous solids. Ind Eng Chem Res 56 (50): 14822-14831

[27] Tsakiroglou CD, Payatakes AC (1990) A new simulator of mercury porosimetry for the characterization of porous materials. J Colloid Interface Sci 137 (2): 315-339

［28］ Tsakiroglou CD, Payatakes AC（1998）Mercury intrusion and retraction in model porous media. Adv Colloid Interface Sci 75（3）：215-253

［29］ Wang S, Javadpour F, FengQ（2016）Confinement correction tomercury intrusion capillary pressure of shale nanopores. Sci Rep 6：20160

［30］ Wardlaw NC, McKellar M（1981）Mercury porosimetry and the interpretation of pore geometry in sedimentary rocks and artificial models. Powder Technol 29：127-143

［31］ Wenzel RN（1949）Surface roughness and contact angle. J Phys Chem 53（9）：1466-1467

［32］ Yuan HH, Swanson BF（1989）Resolving pore-space characteristics by rate-controlled porosimetry. SPE-14892 4（1）：17-24

# 第4章

# 热孔法和散射

## 4.1 热孔法

### 4.1.1 基础理论

#### 4.1.1.1 熔点和凝固点降低效应

热孔法又称低温孔隙度法。通常，在实验中热孔法与差示扫描量热法（DSC）结合使用，而低温孔隙度法常与核磁共振（NMR）法结合使用。热孔法是基于物理原理，即多孔介质中吸收的流体的熔点和凝固点随着孔径的减小而降低。为了利用这种效应来表征孔隙结构，必须找到一种方法来测量熔点或凝固点，以及在该点经历相变的流体量。此外，孔隙必须足够大，才能存在相对明确的相变点。

当流体被吸入多孔材料内紧密的空隙中时，通常以非常小的液滴或形成类似分枝神经网络节点的形式存在。在这种情况下，流体与固体壁和气相之间的弯液面的曲率半径将非常高。这意味着表面张力将相对较强，并等于在流体上施加的外部压力。从简单的热力学角度来看，在液体上增加压力会降低其熔点。这种行为从最终的能量角度来看是因为在多孔固体中，与块体相比，更小的冰晶体具有更大的表面积，意味着细碎的固相具有更高的能量，从而使固相平衡点向液相偏移。

对于多孔固体内的流体，凝固点和熔点通常不会出现在相同的温度下，并且存在滞后现象。一般来说，冰相将在高于液体最初冻结的温度下融化。目前有三种理论可以解释这种滞后现象的存在（Petrov et al.，2006）。第一种，液体的冻结可能会在平衡温度下受到动力学限制，并且需要晶种才能随后发生冻结（异质成核）。如果温度降低到低于平衡温度，则冻结最终会在旋节点处均匀发生。第二种，冻结可以通过类似于气体解吸和汞侵入中存在的孔隙阻塞效应来延迟，将在后文展开更详细的讨论。

### 4.1.1.2 单孔滞后

Petrov 和 Furó（2006）提出，在热法测量孔结构中经常观察到的冷冻—熔化滞后现象是由孔隙填充材料的亚稳态和稳态之间的自由能垒引起的。平衡状态对应于亥姆霍兹自由能的最小值。系统的亥姆霍兹自由能由固相和液相的体积自由能（取决于其化学势）、固—液和液—壁界面的自由能组成，该模型体现了液体中表面引起的扰动和功函数的贡献。上面提到的前三个贡献取决于与孔壁相邻的液体层的厚度，其范围可以从零到孔径大小。在相对较低的温度下，亥姆霍兹自由能的液层厚度依赖部分有两个局部最小值，一个对应于完全熔融的孔隙，另一个对应于具有冻结核心的孔隙，在孔隙表面留下了一个液体状层。这种液体层是由上述表面诱导的扰动产生的。该系统在动力学上受到限制，因为在这两种状态之间存在一个能量势垒，可用的热波动无法克服。随着温度的升高，能量垫垒降低，导致状态之间的转变和孔芯熔化开始存在可能性。相应冻结温度取决于液相周边是否有可用的晶种，或者需要过冷和均匀成核。根据这种现象学描述，Petrov 和 Furó 在 2006 年提出了凝固点降低可以由式（4.1）给出：

$$\Delta T_{\text{f}} \cong -\frac{\upsilon \gamma_{\text{sl}} T_0}{\Delta H}\frac{S}{V} \tag{4.1}$$

而熔点下降由式（4.2）给出：

$$\Delta T_{\text{m}} \cong -\frac{\upsilon \gamma_{\text{sl}} T_0}{\Delta H}\frac{\partial S}{\partial V} \tag{4.2}$$

式中：$\upsilon$ 为摩尔体积；$\gamma_{\text{sl}}$ 为表面自由能；$T_0$ 为体熔点；$\Delta H$ 为熔化潜热；$S$ 为孔的表面积；$V$ 为孔的体积。使用 Steiner 的等距表面公式，式（4.2）可改写为：

$$\Delta T_{\text{m}} \cong -\frac{\upsilon \gamma_{\text{sl}} T_0}{\Delta H}2\kappa = \Delta T_{\text{f}}\frac{2\kappa V}{S} \tag{4.3}$$

式中：$\kappa$ 为孔隙表面的积分平均曲率，由式（4.4）给出：

$$\kappa = \left(\frac{1}{2S}\right)\int_S\left(\frac{1}{r_1}+\frac{1}{r_2}\right)\text{d}S \tag{4.4}$$

式中：$r_1$ 和 $r_2$ 为主曲率半径。对于圆柱孔，$2\kappa V/S = 1/2$（因为对于圆柱，$\partial S/\partial V = 1/r$，且 $S/V = 2/r$），因此，这意味着 $\Delta T_{\text{m}}$ 和 $\Delta T_{\text{f}}$ 的差值是否为 2 可用于判断孔隙是否为圆柱形。式（4.3）和式（4.4）显示在冻结时，在初始液体与固体接触的末端，晶体前端从半球形弯月面沿孔道轴向生长，然而液体融化是从孔壁表面向孔芯径向传播的过程。

### 4.1.1.3 高级熔化现象

一些多孔材料（如用模板法合成的二氧化硅）具有有序的"酒架"形结构，具有平行排列的直的、规则的圆柱形孔。对于该类材料，单孔滞后理论可以直接应用。然而，许多多孔介质具有更复杂的空隙空间和相互连接的孔隙。在这些材料中，还会出现其他的物理效应，这些特殊的现象被称为高级熔化。

可能出现这种效应的最简单的几何形状是贯穿的水瓶孔，它由一个大的圆柱形孔体组成，夹在两个较小的同轴孔颈之间，如图 4.1 所示。在非常低的温度下，体相和颈部的孔核心会被冻结，在孔壁上留下一层液体。随着温度的升高，首先，孔颈中的液固弯液面将更容易运动，从而熔化所有圆柱形颈部中的液体。在贯通水瓶孔中，熔化首先发生在径向的圆柱形颈部（如垂直箭头所示），源于孔表面的非冻结层。然后在相同的温度下在较大的圆柱形孔体中熔化，一旦颈部液体完全熔化，在孔体末端会形成完整半球形弯月面，并沿轴向进行（如水平箭头所示）。这意味着孔隙体的末端将有一个横跨整个孔隙横截面的液—固弯月面，因此在孔隙末端存在两个半球形的弯月面。如前一节所述，相变通过半球形弯液面在轴向上发生的温度低于通过圆柱形套筒弯液面在径向上发生的温度。因此，圆柱体内部的固体将在对应于半球形弯月面的较低温度下熔化。从式（4.3）可以看出，如果孔体直径不超过孔颈直径的 2 倍，则孔颈和孔体将在相同温度下熔化。这种效果类似于在第 2.3.4 节中描述的高级吸附效果。由于被表征的材料来说，其空隙空间的性质显然事先不知道，因此无法知道每个孔发生熔化的特定弯月面几何形状。如果假定熔融温度和孔径之间存在单调关系，那么高级熔融效应将使孔体看起来与颈部大小相同。

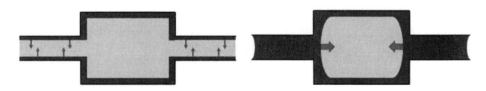

图 4.1　高级熔化示意图

## 4.1.2　实验方法

### 4.1.2.1　实验方法的选择

为了进行热法孔结构测量实验，有必要测量探针流体的相变温度以及经历该相变的探针流体的量。通常，这些测量是使用差示扫描量热法（DSC）或核磁共振（NMR）进行的。

DSC 需要配备必要的冷却装置和数据处理系统的设备。DSC 通过潜热流入或流出样品来检测熔化或冻结。典型的 DSC 能够以±0.5μW 的分辨率和±2μW 的精度测量热流率。使用 DSC 的热孔隙度实验作为伪平衡过程运行，因为温度变化通常是在一定的速度下连续下降中进行的，而不是逐步进行的（根据下面的NMR）。这意味着必须选择足够低的升温速率，以确保在特定温度下熔化的所有探针流体在温度发生显著变化之前都有足够的时间。通常，DSC 测量是在约0.1℃/min 的低扫描速率下进行的。然而，涉及改变扫描速率的初步研究对于确保该值是最合适的至关重要。在特定温度下熔化的孔隙的绝对体积可以通过热量除以熔化潜热获得。

NMR 实验通常在针对¹H 原子核（如水中的氢原子核）调谐的液态光谱仪上进行。NMR 探头的温度通常使用从液氮中释放出来的受控流动的冷氮气，并结合气流中样品下方的加热元件，以保持特定温度。典型的系统能够在 123~423K的范围内进行温度调节，同时将保持在±0.1K 范围内。所选的 NMR 脉冲序列通常是简单的自旋回波序列，例如 Carr-Purcell Meiboom-Gill 的基本形式（CPMG）序列。必须选择脉冲序列的回波时间，使其充当弛豫时间滤波器，其中来自固体冰的信号衰减到无法检测到，但信号保留在液体中。然后，获得的 NMR 信号将与液体分子内的核量成正比。通过这种方式，NMR 可用于测量处于熔融状态的探针流体占据的空隙体积的比例。实验通常以阶段平衡的方式进行。首先将样品冷却到过冷的温度将整个样品冷冻。然后可以小步缓慢增加温度，并在每个步骤平衡后测试每个温度下的 NMR 信号强度，产生熔解曲线，如图 4.2 所示。冷冻曲线可以通过与温度降低类似的方式获得。如果需要，在特定温度下熔化或冻结的孔隙的绝对体积可以通过比较待测材料和已知孔材料或者标准材料的 NMR 信号的变化。所采用的内标物可以是已知体积流体的毛细管。

干燥样品的制备涉及流体吸收。最简单的方法是将样品浸入探针液中，并通过毛细作用将液体吸入孔内。如果样品放置足够长的时间，这个过程通常足以置换样品中所有的空气。以上方法已针对典型系统（如介孔二氧化硅中的去离子水）进行了明确测试。Hollewand 和 Gladden 在 1995 年发现，环境浸泡法的吸水量与先前抽真空的样品中的蒸汽吸水量没有显著差异。在热法测孔中，通常需要在样品颗粒周围留下一层薄膜。因此，当样品从探针液浴中移出时，仅去除多余的水，但留下足量的水在样品外部形成一层水膜。然后，这个体相可以作为冰生

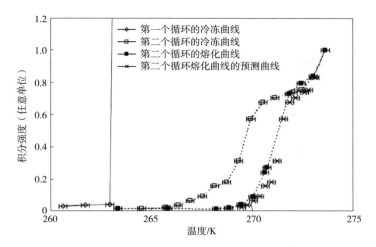

图 4.2　粉末样品（S1）的 NMR 低温孔隙率数据（线条是为了方便观看）

转载自 Perkins et al.，2008 年，经 Elsevier 许可。

长异质成核的"种子点"。通过使用气相吸附可以获得部分饱和的样品，但这将在 4.1.3 中更进行详细地讨论。

非润湿流体（如汞）也可用作热法测孔中的探针流体，但显然需要不同的样品制备程序。如果汞包埋量足够大，或位于可以用作探针液的合适位置，则可以使用压汞法（见第 3 章）来对样品进行孔结构测定。

### 4.1.2.2　探针液的选择

如果实验的目的是获得样品的完整孔径分布，那么就需要有一种可以润湿整个样品空隙的探针液体。例如，水很容易润湿溶胶—凝胶二氧化硅的孔隙空间并排出所有空气。

在选择用于热法测孔的探针流体时，一个关键的考虑因素是液固相变的性质。为了正确分辨孔径分布尺寸（特别是窄孔），探针流体的相变温度区间应尽可能小。这意味着探针流体在狭窄的温度范围内从定义明确的固相变为清晰的液相。一些探测流体（如碳氢化合物）在固相和液相之间具有更复杂的相变。据报道，环己烷具有所谓的糊状相，其分子流动性介于液体和固体之间（Dore et al.，2004）。这往往会模糊掉给定尺寸的特定孔中从液体到固体的相变，反之亦然，使其看起来发生的相变温度范围与其他不同孔径的相变温度范围重叠。因此，在选择合适的探针流体时，有必要查阅该流体的相图以评估相变的可能复杂性。

两种探针液可以同时用于同一个样品，主要原因如下。如果已经获得了其中一种探针流体的部分饱和,例如,通过水银孔隙率测定法或吸附法,那么剩余的样品空隙空间可能仍可被另一种探针流体进入。因此,可以尝试双液体热法测孔。例如,可以将在某些孔中含有截留汞的样品浸入第二探针流体的浴槽中,如水或烃类液体(详见 4.1.2 所述)。在此过程中发生的情况取决于两种探针流体的相对润湿特性,以及对第一种探针流体迁移的动力学限制。如果将含汞的中孔二氧化硅浸入水中,水对极性二氧化硅表面的润湿程度比汞高得多,在几分钟内即可通过毛细作用迫使汞流出(Mousa et al., 2019)。然而,这可能仍然是有足够的时间来初始化冻结系统,水仅存在于最初的空孔隙中。由于汞在比水低的温度下熔化,因此可以在水仍然是冰时获得汞的熔化曲线。随后,可以在较高温度下获得水的熔化曲线。相反,如果为第二个探针流体选择极性较小的溶剂,那么即使采用不冻结系统,汞的保留时间也会更长。

## 4.1.3　实验结果分析

### 4.1.3.1　孔形状

为通过间接方法获得孔径分布,所做的第一个假设通常是孔形状的假设,如假设孔形状为圆柱或狭缝。但是,如第 4.1.1 节所述的基本理论,熔融曲线和冻结曲线之间的滞后宽度可用于确定热法测孔中的孔的几何形状。例如,图 4.2 显示了溶胶—凝胶二氧化硅球的碎片样品获得的熔化和冻结曲线,表示为 S1。图 4.2 还显示了使用冷冻曲线数据和公式的形式预测的熔解曲线。式(4.3)适用于圆柱孔几何形状。图 4.2 中的数据表明,式(4.3)对熔解曲线的形状和位置有很好的预测。因此,Petrov 和 Furó(2006)的模型表明,滞后现象可能具有单一的孔隙起源,并且 S1 中的孔隙为圆柱形几何形状。

### 4.1.3.2　孔径分布

为了通过热法测孔确定绝对孔径,需要知道式(4.1)中特征参数的值。然而,在受限几何形状中很难获得正确的表面自由能值。因此,通常的做法是用 Gibbs-Thompson 参数简单地校准比例常数,其表达式为:

$$\Delta T_i = \frac{k_{\mathrm{GT}_i}}{x} \tag{4.5}$$

式中:$\Delta T_i$ 为熔点或凝固点降低程度;$k_{\mathrm{GT}_i}$ 为相应的 Gibbs-Thompson 参数;$x$ 为冷冻探针液 $i$ 的晶体尺寸。

尺寸参数 $x$ 与孔径 $d$ 相关,可以用下式表示:

$$x = d - 2t \tag{4.6}$$

式中：$t$ 为当晶核冻结时存在于孔表面的未冻结液体状层的厚度。$t$ 层的厚度通常为 1~2 个分子层厚，在像汞这样的液体也会出现。

用来校准 $k_{GT}$ 的方法较多。最常用的方法是独立测量模型材料的孔径。常见的模型材料有模板化二氧化硅，如 MCM-41 或 SBA-15，它们具有平行、规则、圆柱形孔的酒架状结构（Schreiber et al.，2001）。模型材料的孔径通过电子显微镜或气体吸附来确定。然而，即使对于名义上相同的孔，如弯月面几何形状，不同课题组也获得了不同的 $k_{GT}$ 值。例如，Schreiber et al.（2001）的结果显示，表面在具有贯穿圆柱形几何形状的二氧化硅中熔化的 $k_{GT}$ 值为 52K·nm，但是，Gun'ko 等人（2007）的结果却显示该二氧化硅的 $k_{GT}$ 值为 67K·nm。

即使对于具有简单孔隙几何形状的模板法制备的模型材料，如果仅获得简单的熔化曲线，因为没有确定的参考样品，也不会直接得到弯月面几何形状。即使是异质成核冷冻曲线也没有参考价值。因此，为了消除相变时消除弯月面几何形状的歧义，需要额外的信息。例如，为了获得汞的 $k_{GT}$ 值，Bafarawa 等（2014）使用确定孔隙的玻璃（CPG），这是一种模型材料，具有圆柱形、蠕虫状孔隙，孔径分布窄，如图 4.3 所示的压汞曲线非常陡峭。在对 CPG 进行孔隙率测定后，会发生部分汞截留，使它们可用于校准 $k_{GT}$。然而，由于汞仅部分占据了空隙空间，因此尚不清楚熔化是来自死角处的汞的半球形弯月面，还是通过沿较长孔隙部分截留的汞柱的圆柱形套筒弯月面。这种不确定性可以通过操控孔内水银滞留的位置来判断。

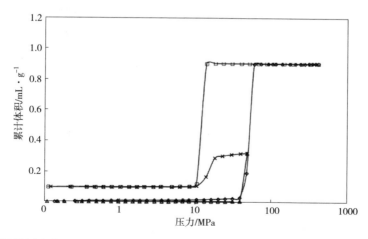

图 4.3　极限压力为 414 MPa 和 48.2MPa 的 CPG1 样品孔隙率实验的汞侵入和挤压曲线
转载自 Bafarawa et al.，2014 年，经 CC-BY 许可。

如图 4.3 所示，在用压汞仪测试孔隙度的实验中将汞滞留在同一可控尺寸的玻璃中，包括完全侵入的 414MPa（样品在侵入曲线顶部，汞完全饱和），或部分侵入的 48.2MPa，每种情况都夹带了相同量的汞。然后将该汞用作后续 DSC 热法测孔实验的探针液，得到的熔解曲线如图 4.4 所示。从图 4.4 可以看出，两个 DSC 数据集都显示了在 38～39℃ 的一个液体熔化宽峰。主峰上明显的肩峰可能是由于样品外表面上不同尺寸、几何形状的裂缝和间隙内的汞，以及体积的更大的汞液体。图 4.4 还显示了在极限侵入压力（414MPa）测定孔隙率实验后滞留汞的 DSC 熔化曲线。这些数据显示在汞的整体熔点（约-39℃）处有一个相对较窄的峰，而在-40.9℃处有一个更宽、更不对称的峰，以及向较低温度的轻微拖尾，这是由夹带汞。相对于整体液体值，孔隙流体的熔点降低了 1.9℃。汞的原子直径约为 0.3nm。根据已知的 CPG 孔径，得到的 Gibbs-Thomson 参数约为 45K·nm（基于直径）。如果观察到的熔化发生在圆柱形套筒弯月面，这意味着通过半球形弯月面冷冻/熔化的相应 Gibbs-Thomson 参数将为 90K·nm。然而，如果熔化是通过半球形弯月面发生的，这意味着从圆柱形套筒弯月面熔化的 Gibbs-Thomson 参数将为 22.5K·nm。

使用图 4.3 所示的孔隙率扫描曲线制备的样品数据避免了这种不确定性。在相应的热法测孔得到的数据中，发现汞的熔融峰模式样品的温度为-42.0～-42.1℃，对应于 3～3.1℃ 的熔点下降，明显大于汞完全饱和后的样品。扫描曲线样品的峰值出现在与完全侵入实验（高达 414 MPa）峰值上的宽肩相同的温度范围内。扫描曲线样品的截留汞的熔化温度使得熔点下降大约是完全饱和实验后截留的汞的模态熔化峰的两倍。Bafarawa 等人（2014）提出，扫描曲线比完全侵入更可能产生半圆形弯液面，因此扫描曲线实验的熔解峰位置可能与半圆形弯液面的熔解峰位置相对应，而全饱和实验与圆柱形套筒弯月面的实验相对应。因此，总体而言，CPG 热法测孔结果表明，当熔化来自圆柱形套筒弯月面时，汞的 $k_{GT}$ 约为 45K·nm（直径），而来自半球形弯液面的冷冻/熔化则为 90K·nm。

解决 $k_{GT}$ 值不确定性的另一种方法是使用双液体孔隙率测定法。如果一个相对低的熔点探针液体（如汞熔点为-40℃），最初滞留在样品中，它会在之前通过的孔隙中形成死角，如图 4.5 所示。如果更高熔点的探针液体（如水熔点为 0℃）也被吸收到剩余的空隙空间中，那么当它仍然是冰相时，可以充当吸收死角的补充，因此可能的位点是位于半球形弯液面，用于熔化低熔点探针液。因此，低熔点探针流体的熔化弯液面的形状可以得到控制。

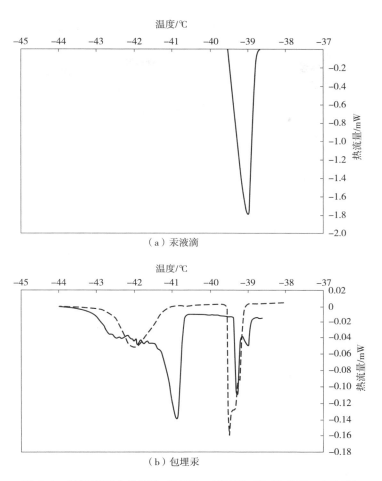

（a）汞液滴

（b）包埋汞

图 4.4　对极限压力分别为 414MPa（实线）和 48.2MPa（虚线）
的 CPG1 样品进行孔隙率实验的熔融曲线

转载自 Bafarawa et al.，2014 年，经 CC-BY 许可。

## 4.1.3.3　孔隙连通性和空间异质性

　　如上所述，热法孔隙度测量滞后的原因可能源于单孔或孔—孔协同效应。与孔隙连通性相关的是孔隙阻塞效应，类似于气体解吸和汞侵入中产生的效应，可能在热孔隙度法中冻结在非均相成核中。如果大量的冰包围着多孔固体，该固体在表面具有完整的窄颈层，以保护固体内更深处的较大空隙，则只有当冰锋沿窄颈层颈部向下移动时，较大空隙内的熔融探针流体才会冻结。这在比冻结较大空隙的冰所需更低的温度下才能发生，因此可以说出现了由颈部阻塞的孔。因此，冰锋向多孔固体的生长是一种侵入渗流过程。这与 2.3.3 节中气体吸附数据的渗

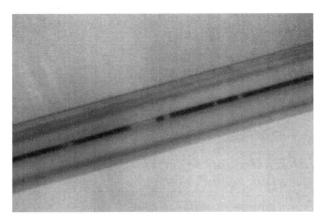

图 4.5 夹在直玻璃毛细管中的汞（黑色）的光学显微镜图像

转载 Hitchcock et al. , 2014, Elsevier 许可。

流理论相同。如果圆柱形孔内的熔融过程仅从圆柱形套筒弯月面径向发生，则熔融曲线可以提供未屏蔽的孔径分布。然而，冷冻曲线会受到单孔和孔阻塞结构滞后的影响。在不同孔径的空间分布存在强烈宏观相关性的情况下，这些可以通过将样品破碎成尺寸小于不同孔径区域尺寸的颗粒来反卷积。对于被大块固体膜包围的完整样品和碎片样品，冻结将表现为不均匀成核并由孔口处出现的半球形弯液面开始。因此，不会有单一的孔隙滞后现象，并且冻结曲线路径的差异将完全是由于渗滤效应。以图 4.6 中所示为例，其中整个样品和碎片样品之间的冷冻曲线的位置发生了偏移。在这种情况下，可以使用碎片样品的冷冻曲线来获得去屏蔽孔径分布。在图 4.6 中，整个样品曲线的强度下降 $I$ 对应于渗透阈值。实线为使用整个颗粒的压汞法侵入曲线获得的整个颗粒冷冻曲线的预测图，以及使用 NMR 低温冷冻曲线和批次粉末样品的汞侵入曲线校准的 Gibbs-Thomson 方程 S1 整个样品和碎片样品的冷冻曲线之间距离的较大宽度与不同孔径区域之间的低连通性有关。整个样品的冷冻曲线陡峭，而碎片样品的倾斜曲线平缓，这意味着存在相对大量的不同孔径的小区域，而不是少数大的区域，可以从整个样品冷冻曲线中的更圆润的渗滤平台看出来。

先进的熔化效应还揭示了孔径大小相关性。如果孔隙网络包含与较大孔隙区域相邻的小孔隙区域，则前者可以促进后者的熔化，使它们在整个样品的熔化曲线中的存在不明显。然而，如果相似的孔径区域在空间广泛分布，使得样品可以破碎成粒径小于这些区域尺寸的粉末，那么小孔就会从它们以前靠近大孔的位置去除，因此可以不再促进高级熔化。这意味着碎片样品的熔解曲线将显示在更宽

的温度范围内熔解。这种效应已在溶胶—凝胶二氧化硅中观察到，如图 4.7
所示。

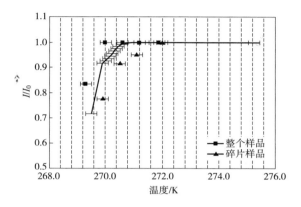

图 4.6　溶胶—凝胶二氧化硅的整个样品和碎片样品的 NMR 低温孔隙度法
（第二次冷冻/解冻循环）冷冻曲线（S1）

转载自 Perkins et al.，2008 年，Elsevier 许可。

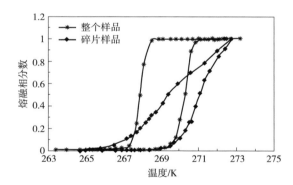

图 4.7　典型数据集的叠加图，包括冻结和熔化边界曲线，
适用于批次 S1 溶胶—凝胶二氧化硅的整个样品和碎片样品

转载自 Hitchcock et al.，2011 年，Elsevier 许可。

　　扫描曲线和迟滞环也可用于热法孔测量法来探测孔隙几何形状和空间排列
（Rigby et al.，2017）。例如，许多材料包含大孔和大通道，使得物质能更容易地
传输到更多、更小的侧通道。通常需要知道这些侧通道的入口尺寸，因为各种处
理过程可以使这些开口变窄或堵塞。Rigby 等人（2017）对二氧化硅—氧化铝催
化剂中大孔的中孔分支进行了研究。图 4.8 为含块状冰和硅铝催化剂孔隙中所含
冰的 NMR 低温孔隙度边界熔化曲线。图中显示样品空隙空间中的水的熔化温度

降低，还显示了由熔化至 272K 的极限温度，然后冻结组成的扫描曲线。可以看出，扫描曲线的熔化分支和冻结分支之间的间隙最初（在温度升高反转的点附近）非常窄，只有约 0.5K，并且这个滞后直到曲线到达温度（约 269K）都很窄。然而，对于熔化曲线上温度低于 267K 的区域，滞后宽度已经增长到 6K。因此，在 267K 的温度下，凝固点下降大约是熔点下降的两倍。使用 52K·nm 的Gibbs-Thompson 参数（用于从圆柱形套筒弯月面熔化）和 0.4nm 的非熔化层厚度，此时的孔径约为 9.4nm。扫描曲线转折点处的凝固点下降约为 2K，表明孔入口尺寸约为 53nm（假设通过半球形弯月面冷冻的 Gibbs-Thompson 参数是圆柱形套筒形状的两倍）。

图 4.8 所示的核磁共振冷冻孔扫描曲线数据（在 272K 的熔化—冷冻扫描曲线中。双头箭头表示扫描曲线的冷冻和熔化分支之间的滞后宽度已增长到 6K（熔化温度为 267K）与图 4.9 所示的孔隙网络模型一致。如果模型中吸收的所有探针流体最初都被冻结，那么熔化将从非冻结表面层和最小通孔中的冻结块之间的边界处的圆柱形套筒形弯月面开始（图 4.1）。一旦这个孔隙完全熔化，就会在其与相邻的中等大小孔隙的交界处形成半球形弯月面。然后，这些中等大小的孔隙中的熔化可能通过半球形弯月面发生（图 4.1）。如果温度上升停止，最小和中等尺寸的孔隙熔化，但最大的孔隙保持冻结，那么当温度变化的方向反转时，冻结可以从留在介质之间连接处的半球形弯液面开始大小和最大的毛孔。因

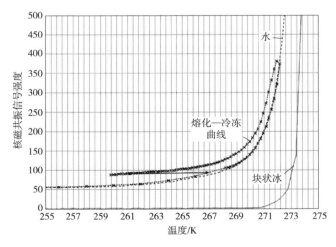

图 4.8　块状冰和二氧化硅—氧化铝催化剂空隙空间内的水的 NMR 低温孔隙度边界熔化曲线
转载自 Rigby et al.，2017 年，美国化学学会。

此，中孔中的熔化和冻结过程都将产生于半球半月面，因此，预计不应该有任何滞后现象。然而，一旦温度降低到足以使最小的孔隙冻结，将通过半球形弯月面而不是在熔化过程中的圆柱形套筒形状出现，则会出现滞后现象。

虽然预计中等大小的孔隙会在很少或没有滞后的情况下冻结和融化，但最小孔隙的冻结和融化之间会出现滞后。这种情况与图 4.9 中所示的情况类似，其中冷冻扫描曲线的初期几乎没有滞后，但在较低温度下显著增加。因此，如果这个场景中的大孔隙是普遍存在的，而中等孔隙是介孔侧枝的入口，那么通过扫描曲线就可以得到它们的大小，如图 4.9 所示。

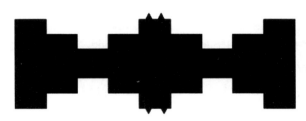

图 4.9　硅氧化铝催化剂孔隙网络模型示意图（黑色）

转载自 Rigby et al.，2017 年，经美国化学学会许可。

# 4.2　散射

## 4.2.1　基础理论

采用小角 X 射线散射（SAXS），当用 X 射线照射材料时，其会受到电子散射。材料内电子的空间分布通常是不均匀的，并且整个样品中会出现电子云密度（每单位体积的电子数）的变化。当这些空间异质性的典型尺寸与入射 X 射线的波长 $\lambda$ 相似时，正常的 X 射线衍射图案主要在散射角大于 $10°$ 才能被观察到。然而，当电子密度的异质性发生在 $0.5 \sim 400\mathrm{nm}$ 的距离时，X 射线的可观强度会以小角度散射。因此，SAXS 能够确定比致密材料发现的正常原子间距离更长的结构信息。由无序多孔固体产生的散射 X 射线强度 $I(q)$ 取决于散射波矢量 $q$，其大小由式给出：

$$|q| = (4\pi/\lambda)\sin\theta \tag{4.7}$$

式中：$2\theta$ 为 X 射线散射的角度；$q$ 为具有倒数长度单位，因此，$1/q$ 可以被认为是测量的标尺。

## 4.2.2　实验方法

为了获得散射图案，样品必须悬浮在 X 射线束的路径中。样品的形状会影响散射模式，因此在处理原始数据时需要考虑到这一点。因此，通常会以某种方式将样本设计为简单的几何形状。例如，如果样品已经是球体等简单形状（如溶胶—凝胶硅胶珠）则可以将其原样悬浮在光束中。对于最初形状不规则的其他样品，需要先破碎成粉末形式，然后放入狭窄的玻璃毛细管中或粘在胶带上，形成线状。散射模式可能需要针对背景和检测器响应进行校正。原始数据经过 SAXS 设备的初始处理，由散射强度 $I(q)$ 随散射波矢量 $q$ 变化的有序数据集组成。由于 X 射线穿透了整个样品，因此可用于探测孤立的孔隙度，以及通过热孔隙度法或气体吸附等方法探测到的与表面相连的孔隙度。然而，如果空隙空间和固体之间的对比度较差，则可以将流体吸入孔隙中以提高散射对比度。因此，与固体相比，探针流体需要有很大的电子密度差异，且其只会穿透可接近的孔隙。

## 4.2.3　实验结果分析

$I(q)$ 的一般理论表达式取决于乘积 $qR$ 的值，其中 $R$ 是导致散射的结构方面的特征尺寸（如固体孔界面）。X 射线散射可用于确定特性，如表面积或粗糙度，以及孔隙或固体颗粒大小。在较大的 $q$ 值下，散射可以提供有关孔径的信息，而在较低的 $q$ 值下，可以提供有关孔表面的信息。

Guinier et al. （1955）证明，对于孤立的散射粒子，在 $q$ 值较小的极限处，当 $qR_g \leqslant 1$ 时，散射 X 射线的强度由式（4.8）给出：

$$I(q) = I(0)\exp(-q^2 R_g^2 / 3) \tag{4.8}$$

式中：$I(0)$ 为 $q=0$ 时的散射强度；$R_g$ 为散射结构的回转半径。

因此，$R_g$ 可以从 $\ln I$ 对 $q^2$ 的曲线的斜率获得。如果散射体的形状和分布已知，则可以根据 $R_g$ 估计 $R$。例如，如果散射体系统可以被认为是由半径为 $r_0$ 的相同球形物体组成，那么可以使用关系 $r_0 = 1.3 R_g$ 来找到 $r_0$（Guinier et al.，1955；Venkatrama et al.，1996）。如第 1 章讨论的显微镜研究所示，许多溶胶—凝胶二氧化硅由紧密堆积的球体组成（Reyes et al.，1991）。因此，这种球体的填充经常作为二氧化硅材料的代表（Reyes et al.，1991）。

Debye 等人（1957）给出了另一种分析 SAXS 数据的方法。Debye 等人（1957）证明了对于多孔结构，如果其中孔的大小和形状完全随机分布，具有指数相关函数，$\gamma=\exp(-r/a)$。相关函数测量同一相（固体或空隙）的两个实例之间的空间相关程度，作为它们之间的距离 $r$ 的函数。对于这样的系统，散射强度将随 $q$ 衰减，根据：

$$I(q) = I(0)(1+a^2q^2)^{-2} \tag{4.9}$$

式中：$I(0)$ 为光束零偏差时的散射强度；$a$ 为相关长度，可以认为是执行散射的物体大小的量度。当 $qa>1$ 时，如果系统服从式（4.9），则 $I^{-1/2}$ 对 $q^2$ 的图应该是一条直线。描述符 $a$ 是通过将梯度除以相应截距的结果的平方根来获得的。对于无规颗粒填料，颗粒之间的间隙（孔隙）的典型尺寸与颗粒尺寸相同。$a$ 可以看作典型的颗粒或孔径。图 4.10 为溶胶—凝胶二氧化硅散射数据图的典型示例。图中 $a$ 的大小为（9.38±0.02）nm。

从固体表面散射通常遵循所谓的 Porod（1951）定律，其中表面散射的 X 射线辐射强度通常与矢量 $q$ 的负指数成正比，可得式（4.10）（Guinier et al.，1955；Venkatrama et al.，1996）。

$$I \propto q^{-\eta} \tag{4.10}$$

式中：$\eta$ 为功率。

通常，只有当 $q$ 满足不等式 $q\xi \gg 1$ 才会得到比较满意的结果，其中 $\xi$ 是产生散射的结构的特征长度。从 $\eta$ 的值，可以推断出被检查结构的性质。如果指数在 $1<\eta<3$ 范围内，则其可能是维数 $(D_m)_{SAXS}=\eta$ 的质量分数；如果指数在 $3<\eta<4$ 范围内，则其可能描述的是表面部分的尺寸 $(D_S)_{SAXS}=6-\eta$；当 $\eta=4$ 时，式（4.10）则为原始 Porod 定律，其中 $(D_S)_{SAXS}=2$，并且表面是光滑的。式（4.10）中的比例系数与固体的表面积有关，但需要校准才能获得。

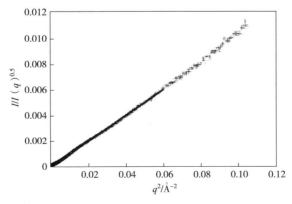

图 4.10　对溶胶—凝胶硅胶 G1 的 SAXS 数据的 Debye 型拟合式（4.9）

转载自 Rigby et al.，2002 年，经 Elsevier 许可。

# 4.3　结论

由于热孔法可以预先润湿样品，因此具有潜在的优势，即可以在没有干燥样品预处理步骤的情况下使用，这样可以不用改变样品，从而避免在表征数据中产生伪影。热孔法可以只获得基本的边界曲线数据，也可以利用扫描曲线进行更精细的实验，这可能会提供有关空隙空间的更丰富的信息。热孔隙度法中的熔化和冻结过程都可能受到孔—孔协同效应的影响，孔—孔协同效应可用于提供有关孔网络特性的信息。特别是，正确理解高级熔化效应及其发生时间是正确解释热孔法数据，并从中获得准确孔径的关键。

X射线散射实验类似于热孔法，通常不需要任何类型的样品预处理或添加新的探针流体。散射意味着可以探测孤立的、断开的孔隙率，以及可从样品外表面进入的孔隙率。散射可用于获得样品的表面积、表面粗糙度、初级粒径和孔径等信息。

# 参考文献

［1］Bafarawa B，Nepryahin A，Ji L，Holt EM，Wang J，Rigby SP （2014） Combining mercury thermo-porometry with integrated gas sorption and mercury porosimetry to improve accuracy of pore-size distributions for disordered solids. J Colloid Interface Sci 426：72-79

［2］Debye PA，Anderson HR，. Brumberger H （1957） Scattering by an inhomogeneous solid. Ⅱ. the correlation function and its application. J Appl Phys 28 （6）：679-683

［3］Dore J，Webber B，Strange J，Farman H，Descamps M，Carpentier L （2004） Phase transformations for cyclohexane in mesoporous silicas. Phys A 333：10-16

［4］Guinier A，Fournet G，Walker CB，Yudowitch KL （1955） Small-angle scattering of X-rays. Wiley，New York

［5］Gun'ko VM，Turov VV，Turov AV，Zarko VI，Gerda VI，Yanishpolskii VV，Berezovska IS，Tertykh VA （2007） Behaviour of pure water and water mixture with benzene or chloroform adsorbed onto ordered mesoporous silicas. Cent Eur J Chem 5 （2）：420-454

［6］Hitchcock I，Holt EM，Lowe JP，Rigby SP （2011） Studies of freezing-melting hysteresis in cry-oporometry scanning loop experiments using NMR diffusometry and relaxometry. Chem Eng Sci 66：

582-592

[7] Hitchcock I, Lunel M, Bakalis S, Fletcher RS, Holt EM, Rigby SP (2014) Improving sensitivity and accuracy of pore structural characterisation using scanning curves in integrated gas sorption and mercury porosimetry experiments. J Colloid Interface Sci 417: 88-99

[8] Hollewand MP, Gladden LF (1995) Transport heterogeneity in porous pellets - I. PGSE NMR studies. Chem Eng Sci 50: 309-326

[9] Mousa S, Baron K, Softley E, Fletcher RS, Kelly G, Garcia M, Mcleod N, Rigby SP (2019) Elimination of ambiguity in analysis of thermoporometry using dual probe liquids. In: Düren T et al (eds) Characterisation of porous solids XII (COPS-XII)

[10] Perkins EL, Lowe JP, Edler KJ, Tanko N, Rigby SP (2008) Determination of the percolation prop-erties and pore connectivity for mesoporous solids using NMR cryodiffusometry. Chem Eng Sci 63: 1929-1940

[11] Petrov O, Furó I (2006) Curvature-dependent metastability of the solid phase and the freezingmelting hysteresis in pores. Phys Rev E 73: 011608

[12] Porod G (1951) Die Röntgenkleinwinkelstreuung von dichtgepackten kolloiden Systemen. Kolloid Zeit 124: 83-114

[13] Reyes SC, Iglesia E (1991) Effective diffusivities in catalyst pellets: new model porous structures and transport simulation techniques. J Catal 129 (2): 457-472

[14] Rigby SP, Edler KJ (2002) The influence of mercury contact angle, surface tension and retraction mechanism on the interpretation of mercury porosimetry data. J Colloid Interface Sci 250: 175-190

[15] Rigby SP, Hasan M, Stevens L, Williams HEL, Fletcher RS (2017) Determination of pore network accessibility in hierarchical porous solids. Ind Eng Chem Res 56 (50): 14822-14831

[16] Schreiber A, Ketelsen I, Findenegg GH (2001) Melting and freezing of water in ordered mesoporous silica materials. Phys Chem Chem Phys 3: 1185-1195

[17] Venkatrama A, Boateng AA, Fan LT, Walawender WP (1996) Surface fractality of wood charcoals through small-angle X-ray scattering. AIChEJ 42 (7): 2014-2024

# 第5章

# 核磁共振和显微镜成像技术

## 5.1　概述

　　本章介绍了核磁共振（NMR）效应在孔隙结构表征中的应用。核磁共振技术是最重要的成像方式之一——磁共振成像（MRI）的基础。此外，还将介绍其他几种成像方法，计算机 X 射线断层扫描（CXT）、扫描电子显微镜（SEM）、透射电子显微镜（TEM）和氦离子显微镜（HIM）。

　　成像是指直接（或伪直接）显示多孔介质空隙空间的技术。成像技术通常将图像生成为二维（2D）或三维（3D）的图像元素晶格，即像素。3D 图像元素由体积元素组成，体积元素即为体素。这些像素或体素的大小决定了成像结构中可以区分的最小元素，即图像分辨率。每个像素中的特定信号强度，从一个称为灰度的范围，决定了它所属的相位，例如实心或空心。为了使多孔材料中的孔隙空间直接成像，分辨率必须小于孔径。然而，一些技术即使在分辨率大于孔径时也可以获得关于空隙空间的空间分辨率信息，下面将对这些技术进行描述。

## 5.2　核磁共振波谱理论和成像技术

### 5.2.1　核磁共振波谱

　　核磁共振效应的原理是，不同同位素的许多原子核的行为与小指南针类似，因此，当放置在一个强大的外部磁场 $B_0$ 中时，就会像指南针对磁北极那样与之对齐。这种情况下，原子核的能量状态最低。然而，由于原子核非常小，它们不断受到热能的冲击，在任何给定的时间，一些指南针会被热涨落"翻转"，进入更高的能量状态。排列态和反排列态之间的能量差 $\Delta E$，与磁场强度成正比。比例常数取决于原子核的性质，称为旋磁比：

$$\gamma = \frac{2\pi\Delta E}{hB_0} \tag{5.1}$$

式中：$h$ 为普朗克常量。

原子核具有磁场，它们可以被粗略地视为电荷的自旋顶部，运动中的电荷产生磁场。与宏观自旋陀螺不同的是，自旋陀螺可以在其轴上以任何角度旋转，核的表观自旋轴相对于外部磁场只能按照特定的方向。取向的数目取决于特定类型的原子核所具有的自旋的大小。例如，氢原子核（质子）有一个自旋值 $I$，其值为 $1/2$，这意味着它可以占据 $2I+1 = 2$ 个方向，一个标记为 $m = +1/2$，另一个标记为 $m = -1/2$，与之相反，即外加磁场。然而，对于氢原子核来说，假设的自旋轴并没有与外部磁场完全对齐，而是略微向一侧倾斜。这意味着原子核在一个（拉莫尔）频率（$\omega$）下，经历了相当于旋转轴进动的量子力学过程，称为拉莫尔进动：

$$\omega = \gamma B_0 \tag{5.2}$$

在宏观样品中，有一个大的原子核系综（核自旋），有些原子核与场对齐，有些原子核与场相反。总的来说，由于原子核产生的净磁场加起来即为磁化。在平衡状态下，这种磁化作用将与外部磁场对齐，因为大多数组成的核磁铁将指向那个方向。

然而，原子内的原子核被周围的电子部分屏蔽，不受外部磁场全部强度的影响。这是因为电子本身有一个相对较强的磁场。原子核感受到的屏蔽量取决于其周围电子的数量和距离，而电子的数量和距离又取决于电子壳层的形式，而电子壳层本身取决于与同一分子内其他邻近原子或分子与相邻固体表面之间发生的键合类型。电子对外部磁场的屏蔽会导致原子核感受到的场强发生轻微变化，根据式（5.2），这将略微改变拉莫尔进动频率。这种影响非常小，因此通常以百万分之几（ppm）表示，但可以测量。频率的变化通常是相对于参考物的频率来测量的，对于氢核（质子）而言，参考物通常是四甲基硅烷（TMS）。由于这些变化受到原子核化学环境的影响，因此被称为化学位移。

氙-129 同位素是自旋-1/2 核。氙-129 核磁共振波谱可用于孔结构的表征，因为氙原子的化学位移对局部环境和化学因素非常敏感，如材料的组成、共吸附分子的类型和数量，以及主体空隙的形式和大小。在没有强吸附的情况下，氙的化学位移 $\delta$ 由式（5.3）给出：

$$\delta = \delta_0 + \delta_s + \delta_{Xe} \tag{5.3}$$

式中：$\delta_0$ 为外推至零压力的氙气化学位移；$\delta_s$ 为由于与孔隙表面的相互作用而产生的位移，可能取决于表面上氙的环境和几何形状；$\delta_{Xe}$ 为孔内的分子间碰撞。因此，该项与氙密度成正比，因此随氙浓度增加而增加。

为了将式（5.3）与孔径联系起来，需要进一步假设多孔介质内部发生了什么。如果假设表面和本体气体之间存在氙的快速交换，这通常与表面的弱亨利定律型相互作用有关，则介孔材料中氙-129 的化学位移可通过式（5.4）得出：

$$\delta = \frac{\delta_a}{1 + \dfrac{V}{KSRT}} \tag{5.4}$$

式中：$\delta_a$ 为氙在吸附相中的化学位移；$V$ 为孔隙体积；$S$ 为表面积；$T$ 为温度；$K$ 为亨利定律常数。在这种情况下，化学位移与平衡压力无关。由式（5.4）可知，如果 $K$ 和 $\delta_a$ 已知，则可获得体积与表面积比 $V/S$。然而，由于气体分子在核磁共振实验过程中可以扩散很长一段距离，因此化学位移，以及由此产生的 $V/S$，将在很大的孔隙体积区域上平均，不仅包括单个孔隙，还包括许多孔隙。

如果氙用于探测含有吸附位点的多孔固体，该吸附位点将强烈结合氙，则必须修改式（5.3）以反映这一点：

$$\delta = \delta_0 + \delta_s + \delta_{Xe} + \delta_{sas} \tag{5.5}$$

式中：$\delta_{sas}$ 为强吸附位点的影响。

## 5.2.2　核磁共振弛豫测定和脉冲场梯度核磁共振

核自旋系统可以吸收拉莫尔频率的能量，通常对应于无线电频率，使原子核从与磁场对齐的方向翻转到与磁场相反的方向。净磁化可能与磁场不一致。然后系统处于激发状态，并希望返回到较低的基态。整个渗透磁场的波动促进了基态的恢复，这是由附近（也是磁性的）原子核的运动引起的，这些运动是由它们所在的流体分子的布朗运动引起的。一个特定的原子核恢复到较低能级所需的时间事先是未知的，因为它是随机发生的，但样品中存在的原子核的整体系综将称为自旋晶格弛豫时间（$T_1$）的半衰期（时间常数）弛豫。

在多孔固体的空隙空间中吸水的水分子中氢原子核的自旋晶格弛豫时间取决于实验期间分子所在空腔的大小。这是因为弛豫是由分子运动引起的磁场随机波动引起的。位于多孔固体表面附近的探针流体分子将暂时受到固体表面吸引力的约束，其运动将因此减少，从而改变其产生的磁场波动率。对于多孔固体中的液体，这会导致流体分子表层的松弛速率增加（因此其时间常数为 $T_{1s}$）。然而，表面分子也与快速翻滚的孔芯中的体分子进行快速扩散交换，因此具有不同的弛豫速率（时间常数为 $T_{1b}$）。因此，在空隙空间中观测到的原子核集合的弛豫率是两个不同位置的原子核的体积加权平均值，即（Brownstein et al.，1977）：

$$\frac{1}{T_1} = \left(1 - \frac{\lambda S}{V}\right)\frac{1}{T_{1b}} + \frac{\lambda S}{V}\frac{1}{T_{1S}} \tag{5.6}$$

式中：$\lambda$ 为表面受影响层的液体厚度。

对于直径为 $d$ 的圆柱形孔隙，$S/V = 2/d$。因此，观察到的 $T_1$ 是与孔隙大小有关的函数，较大的值与较大的孔隙有关。

除了 $T_1$ 之外，还有另一个用于孔隙表征的 NMR 时间常数，称为自旋—自旋弛豫时间，通常表示为 $T_2$。在平衡状态下，原子核将以相关的拉莫尔频率围绕外部磁场进动，但它们彼此不同步。因此，在任何时刻，它们各自垂直于主磁场的磁场分量将在各个方向上随机排列，加起来等于零净磁场。然而，核磁共振这个名字中的共振来自当原子核系综被射频脉冲击中时，一些原子核被翻转过来，原子核的拉莫尔进动相互同步，净磁化沿着与原子核一起进动的主场以外的方向出现。这类似于一系列旋转陀螺，每一个陀螺的一侧都画有一条线，在各自的旋转过程中，每一条线都在同一时间通过同一个方向。考虑到原子核实际上是一起运动的小磁铁，如果放在一个线圈里，它们将产生一个以拉莫尔频率振荡的交流电。然而，这种情况不会在射频脉冲结束后持续。这是因为每个原子核随后经历的局部磁场在空间和时间上都不相同。对于真正的磁铁来说，不可能在一个扩展的区域上有一个完全均匀的磁场，因此位于外部磁场中不同可能位置的不同原子核，将以非常微小的不同频率前进。这使得核旋进彼此不同步，从而逐渐消散其巨大的净磁场，该磁场在线圈旋转时切割线圈，从而在其中产生电流，导致电流减小。这个过程有一个时间常数 $T_2^*$。由于包含相邻原子核的分子的随机热运动，给定原子核所经历的磁场也会在时间和空间上随机波动。这意味着进动速度随机波动，最终导致进一步的退相过程，其特征是时间常数 $T_2$。由于后一个过程取决于分子运动，它也受到多孔介质中固体壁存在的影响，因此 $T_2$ 遵循与式（5.6）的类似方程：

$$\frac{1}{T_2} = \left(1 - \frac{\lambda S}{V}\right)\frac{1}{T_{2b}} + \frac{\lambda S}{V}\frac{1}{T_{2S}} + \frac{D(\gamma G T_E)^2}{12} \tag{5.7}$$

但还有第三项是由于扩散诱导的弛豫，$G$ 是局部场梯度，$T_E$ 是用于测量 $T_2$ 的自旋回波型 NMR 实验中的回波时间参数。对于介孔样品，与其他样品相比，该方程中的第三项通常非常小，可以忽略。

进动频率随磁场强度的变化也可以用来监测分子的运动。如果在宏观样品上施加已知的磁场线性梯度 $g$，那么拉莫尔进动频率将是距离 $r$ 的函数，即（Hollewand et al.，1995）：

$$\omega = \gamma B_0 + gr \tag{5.8}$$

那些位于磁场梯度强部分的原子核将比位于磁场梯度弱部分的原子核进动更快。因此，原子核将开始彼此不同步，它们的净磁场将下降，在周围线圈中产生的电流将消散。然后，梯度磁场被关闭一段时间，但它所产生的不同原子核进动阶段的偏移量是守恒的。如果梯度被重新打开，但方向相反，那些先前快速进动的原子核现在缓慢进动，反之亦然。因此先前滞后的原子核现在可以赶上它们新缓慢的对应物，净磁化强度再次增加，从而再次产生更大的电流。然而，如果有任何原子核在实验过程中发生了移动，它将不会经历精确逆转进动初始退相所需的特定场强。因此，与原子核未移动的情况相比，梯度反转后产生的最大电流形式的信号强度将降低。导致最大恢复信号强度下降的分子运动程度可根据扩散理论确定。如果梯度的持续时间或梯度强度发生变化，将产生不同程度的信号衰减，实际获得的最大信号 $I$ 与不存在扩散的情况下获得的最大信号 $I_0$ 的比率由式（5.9）给出：

$$\frac{I}{I_0} = \exp\left[-\gamma^2 g^2 \delta^2\left(\Delta - \frac{\delta}{3}\right)D\right] \tag{5.9}$$

式中：$\delta$ 为磁场强度梯度；$g$ 为保持不变以实现（或反向）退相的持续时间；$\Delta$ 为在梯度开启的两个周期之间发生扩散的剩余时间；$D$ 为测量的分子自扩散率。在实际应用磁场梯度期间的随机运动很难逆转，因此梯度的持续时间应尽可能短，因此被称为脉冲场梯度 NMR。导致信号强度下降的扩散的主要部分应发生在脉冲应用之间。

根据爱因斯坦方程给出的 $\Delta$ 时段内分子的相对大小和均方根位移，分子的扩散可以用来探测孔隙结构的不同方面：

$$\langle r^2 \rangle^{1/2} = \sqrt{6D\Delta} \tag{5.10}$$

如果均方根（rms）位移远大于孔径，则观察到的扩散率 $D_A$ 由孔隙网络的弯曲度 $\tau$ 控制，因此：

$$D_A = \frac{D_0}{\tau} \tag{5.11}$$

式中：$D_0$ 为主体探头液体的自扩散率。弯曲度是多孔介质中由孔壁施加的点之间偏离直线路径的程度的度量。更复杂的曲折路径将导致更高的弯曲度和较慢的观察扩散率。然而，如果均方根位移与构成空隙空间的单个空腔的大小顺序相似，则观察到的扩散率取决于孔径。在很短的扩散时间内，分子碰不到孔壁（观察到的扩散率将有其体积值），但是，随着扩散时间的增加，越来越多的分子最终会撞到孔壁上，从而减小位移。观察到的表观扩散率是扩散时间的函数，因此：

$$D(\Delta) = D_0 - \frac{4D_0^{3/2}S}{9\pi^{1/2}V}\Delta^{1/2} \qquad (5.12)$$

根据式（5.9），如果将观察到的扩散率作为扩散时间增加的函数进行测量，则扩散率会下降。孔隙的表面积与体积比可以从这些数据拟合式（5.12）的梯度中获得。式（5.12）也适用于以下情况：探头流体被限制在小粉末颗粒或微晶的中孔网络中，其中 rms 位移超过颗粒尺寸，但因某种限制使流体保持在颗粒内。在这种情况下，对于内部孔隙网络，$D_0$ 将被 $D_A$ 取代，$S/V$ 为粉末颗粒的外表面积与体积的比率。

在式（5.9）的推导中，假设扩散是各向同性的。如果探针流体在某个方向被限制在不可渗透边界内的几何体中，那么自扩散将在该方向受到限制。例如，受限于狭窄圆柱形通道的流体可能仅在伪一维内移动（如果通道横截面与长度相比非常窄）。此外，受限于窄缝的流体可能只在两个方向上移动，并且在第三个方向上的位移将受到高度限制。如果分子没有沿着场梯度的方向产生任何位移，那么运动就无法被检测到。许多样品由含有通道孔或狭缝孔的多孔粉末颗粒组成，因此，相对于施加的脉冲梯度，这些孔中有很多孔的方向是随机的。在所谓的对数衰减图上，对分子位移方向的限制表现为偏离直线，这是式（5.9）的半对数图，其中 $\lg I$ 作为函数绘制 $\gamma^2\delta^2 g^2(\Delta-\delta/3)$（通常表示为 $\xi$）曲线。如 Callaghan（1991）所述，不同的几何约束导致具有不同曲率的对数衰减图。

## 5.2.3　核磁共振成像

磁场梯度可用于标记原子核及其位置，以便进行空间分辨成像以及跟踪扩散。磁场梯度可以在多个方向上应用，以获得完整的三维信息。原子核的位置可以通过进动频率和旋转相位的差异，通过场梯度进行编码，如图 5.1 所示。

通过磁场梯度允许的位置编码使得仅从样本体积的一小部分（体素）发出的信号能够被隔离和测量。成像利用的是微波辐射软脉冲，它只覆盖很窄的频率

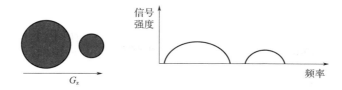

图 5.1　磁场梯度（$G_z$）通过拉莫尔频率的变化来编码位置的示意图

范围，而不是激发所有频率的硬脉冲。如果沿着样品的轴线施加磁场梯度，则软脉冲将仅能激发样品的一部分，从而选择用于表征。空间编码的信息可以从样本的二维切片或完整三维体积中的体素组合成信号晶格。

通过预处理技术，可以将实现核磁共振信号空间编码的射频（$r_f$）脉冲序列和梯度序列与用于弛豫时间或扩散测量的序列相结合。该技术允许在图像晶格的每个单独体素中进行单独的松弛或脉冲场梯度实验，从而获得相应特征参数的贴图。

## 5.2.4　计算机辅助 X 射线断层扫描

有几种不同类型的计算机辅助 X 射线断层扫描（CXT），但本节仅介绍吸收成像。吸收式 CXT 的基本原理是，如果 X 射线从一个合适的来源穿过一个物体，一些 X 射线的能量将被传输，一些被吸收，一些可能被散射。含有较高电子密度的材料将吸收更多的 X 射线。因此，固体比气体、液体吸收更多，重元素比轻元素吸收更多。吸收量还取决于路径长度，因此透射强度 $I$ 遵循比尔定律：

$$I = I_0 \exp(-\mu x) \tag{5.13}$$

式中：$I_0$ 为入射到目标材料上的 X 射线强度；$x$ 为路径长度；$\mu$ 为消光系数，取决于材料的电子密度。由于 X 射线必须通过待检测样品，这对可成像的特定材料的路径长度（以及尺寸/厚度）造成了限制。

透射的 X 射线可以被探测设备截获，如屏幕。透射的 X 射线形成二维阴影图，其中图像强度由透射的 X 射线的分数决定。投射阴影的物体的完整三维重建可以通过将 X 射线束从不同的角度穿过物体来创建一组 100~1000s 的投影来实现。对于非活体材料，样品通常放置在转盘上，以便旋转，使光束从多个不同角度穿过，如图 5.2 所示。计算机算法使用这组阴影图片来确定测试对象内密度的最可能的三维空间排列，从而产生特定的投影集。

CXT 图像的可实现分辨率 $R$ 由（Cnudde et al.，2011）提出：

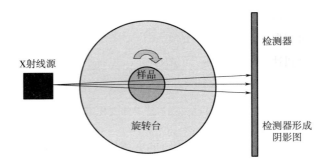

图 5.2　计算机辅助 X 射线断层扫描原理示意图

$$R = \frac{d}{M} + \left(1 - \frac{1}{M}\right)s \tag{5.14}$$

式中：$s$ 为 X 射线源的光斑大小；$d$ 为像素大小；$M$ 为放大率。放大率由（Cnudde et al.，2011）提出：

$$M = （总来源 - 探测器距离)/(总来源 - 物距） \tag{5.15}$$

因此，可以通过确定式（5.15）中可能距离的上限来限制分辨率。实验室微型 CXT 设备可实现低至 100s nm 的分辨率。同步加速器可以实现更高的分辨率，但可用性有限。一般来说，在低倍率下，分辨率受到探测器像素大小的限制，而在高倍率下，X 射线光斑大小受到限制。

## 5.2.5　电子显微镜

电子显微镜的原理是所有物质都具有波粒二象性。因此，电子粒子束具有与其相关的波长。电子的波长比光的波长小得多。给定显微镜技术的分辨率受到探针辐射波长的限制。因此，采用小波长电子的电子显微镜比光学显微镜具有更好的分辨率。可见光的波长大，无法分辨中孔和微孔，但电子显微镜可以做到这一点。除了成像，电子显微镜还可以提供有关结构（通过分析散射模式）和化学（通过光谱）的信息，这里将不再进一步讨论这些技术。

### 5.2.5.1　扫描电子显微镜（SEM）

SEM 可以提供分辨率为几纳米的 2D 图像。图 5.3 给出了扫描电镜仪器的主要组成部分的示意图。在扫描电镜中，一束电子扫描过样品的表面，并与样品的原子相互作用。这就产生了携带样品信息的返回电子。返回电子主要有两种类型，即背散射电子（backscattered electron，BSEs）和二次电子（secondary electron，SEs）。BSEs 是来自入射光束的电子，但通过弹性散射被样品反射，所以没有明显的能量损失。散射量随着靶原子质量的增加而增加，因此 BSEs 的强度包含了靶原子组成的信息。当入射光束中的电子激发样品中的电子，使其接近样品表面并逃逸，从而到达 SE，探测器时，就产生了 SEs。

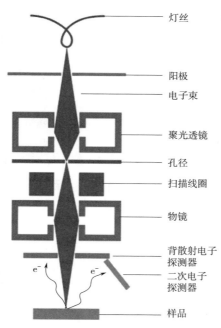

图 5.3　SEM 主要部分的示意图

转载自 Bultreys et al.，2016 年，Elsevier 许可。

### 5.2.5.2　双光束显微镜

最近，SEM 与聚焦离子束（FIB）相结合，提供了 3D 图像数据。FIB 由离子束组成，通常是镓或氩，用于蚀刻样品表面，就像水压清洗机的射流去除路径上的固体沉积物一样。FIB 与 SEM（FIB—SEM）的结合可以作为破坏性三维纳米逐层成像的一种形式。FIB—SEM 基本原理如图 5.4 所示。在 FIB—SEM 中，在样品表面蚀刻一个小槽，如图 5.5 所示，并对暴露的内表面拍摄 SEM 图像。用 FIB 蚀刻掉初始表面，露出下面的下一层，再拍摄该表面的扫描电镜图像。这个过程是重复的，FIB 就像一个纳米版的露天采矿，SEM 在每个阶段拍摄图像。这个过程类似于拿一片切片"面包"，逐步地从袋子里一次取出一片，然后在每一片剩余的面包露出来的时候给它的表面拍照。在收集 FIB—SEM 切片时，可能会发生轻微的漂移，这需要进行更多的对齐（旋转）和剪切校正（Maetal，2019）。如果将每个切片的图像重新组合成一个堆栈，它们将形成一个伪 3D 图像。显然，它不是完整的 3D 图像，因为图像平面后面和之间的体积缺少信息。

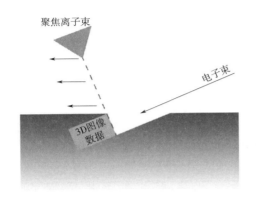

图 5.4　FIB—SEM 原理示意图

转载自 Bultreys et al.，2016 年，经 Elsevier 许可。

图 5.5　用于双光束显微镜的
镓束刻蚀沟示例图

FIB—SEM 方法要求在成像前对样品进行干燥，这可能会由于收缩而导致裂缝（Keller，2013）。因此，一些样品可能需要特殊的干燥方法，如高压干燥。双光束法也可能导致某些样本出现图像伪影。离子束蚀刻过程可能导致碎屑沉积在孔隙中，使其变得模糊（Saif et al.，2017）。离子研磨也会导致图像中出现垂直条纹，称为瀑布效应（Keller et al.，2013）。

### 5.2.5.3　透射电子显微镜（TEM）和电子断层成像技术

透射电子显微镜（TEM）涉及电子束通过样品形成图像。电子断层成像技术，也称 3D TEM，使用了与 X 射线层析成像类似的基本原理，只是阴影图像是由一束电子产生的。

### 5.2.5.4　氦离子显微镜（HIM）

氦离子显微镜使用氦离子束作为探针辐射，而不是电子束。与电子相比，氦离子的优势在于，由于波长更短，衍射效应更小，但与其他离子相比，溅射效应也减小（Hill et al.，2011），可以达到纳米级的分辨率。HIM 的光学图像和图5.3 所示的 SEM 非常相似。氦离子的穿透深度大（如对于 30keV 的氦离子，它可以穿透到硅中约 250nm）意味着它可以用于薄层的扫描透射显微镜。

## 5.3  实验方法

### 5.3.1  核磁共振波谱

核磁共振信号的强度由上述两个能级的总体差异决定。在热平衡时，信号源遵循玻尔兹曼分布。因此，可以通过增加能级之间的能量差来增加信号源的差异。这意味着可以通过增大磁场的大小来提高核磁共振的信噪比。核磁共振光谱仪通常使用（超导）电磁铁来提供外部磁场。核磁共振磁体的大小通常根据氢原子核的共振频率来确定。因此，通常认为 4.7T 的超导磁铁能产生 200MHz 的磁场。核磁共振磁体的范围可达 GHz。

对于极少数类型的有序多孔材料，核磁共振波谱可通过固态核磁共振来测试固体样品并确定孔隙结构。例如，固态 Si-29 双量子偶极重耦 NMR 可用于探测沸石中天然丰富的 Si-29 核之间与距离相关的偶极相互作用。对于沸石，NMR 数据可以与单胞参数和空间群相结合求解结构模型（Brouwer et al.，2005）。类似的实验可以用来解析金属—有机骨架的结构。

通过核磁共振对孔隙结构进行表征通常需要一种探针流体，该流体可以从外部可获得的孔隙中吸收。只有一些同位素具有核磁共振活性，但普通氢就是其中之一，这使得一系列潜在的探测流体成为可能，如水或碳氢化合物。固体内部原子核的核磁共振弛豫速率往往很快，因此固体发出的信号在很容易测量之前就衰减了。即使使用强磁铁，核磁共振效应仍然相对较弱，因此样品中需要高浓度的原子核才能发出强信号。普通氙气可用于表征具有高内表面积和孔隙率的多孔材料，使氙的量相对较高，如沸石等材料。然而，对于其他多孔系统，可能需要使用超极化氙，其具有增强的 NMR 信号。

核磁共振信号强度与存在的原子核数成正比，称为自旋密度。因此，如果多孔固体的空隙空间包含具有 NMR 活性核的探针流体，如水中的氢核，那么空隙率将与 NMR 信号强度成比例达到第一近似值。然而，如上所述，多孔介质中流体的 NMR 弛豫时间也受孔径的影响，弛豫速率影响测量的信号强度。

## 5.3.2 核磁共振弛豫测定和脉冲场梯度核磁共振

### 5.3.2.1 弛豫

如上所述，自旋弛豫由两个组成部分，一个是由于外部磁场强度的永久性空间不均匀性，另一个是由于分子的随机运动，其对孔径敏感。由于磁场不均匀性的影响在时间上是永久性的，因此可以通过所谓的自旋回波实验来逆转。因此，自旋回波实验也可用来测量自旋弛豫时间。更多细节可以在 Callaghan 的工作（1991）中找到。在自旋回波实验中，核磁共振信号强度 $I$ 遵循指数衰减：

$$I = I_0 \exp\left(\frac{-t}{T_2}\right) \tag{5.16}$$

式中，$I_0$ 为初始自旋密度；$t$ 为实验回波时间；$T_2$ 为自旋弛豫时间。因此，这表明在自旋回波实验中，核磁共振自旋密度可以与核磁共振弛豫时间同时测量。自旋晶格弛豫是通过饱和恢复或反转恢复实验来测量的，也同时提供了自旋密度。

将弛豫时间转换为孔径，须知道 $\lambda/T$ 的值（有时为 $\rho s$，称为表面弛豫强度或表面弛豫度），表面松弛度的值，以及 $\lambda$ 和表面松弛时间的值，都可以从干燥实验中获得（D'Orazio et al.，1990）。允许多孔样品逐渐干燥，使探针流体饱和度随时间降低，并在一系列不同饱和度下测量松弛时间。如果固体表面被探针流体润湿，它将通过减薄膜机制干燥。在这种情况下，液体在干燥时与所有内表面保持接触，因此，在整个样品中，液膜的厚度随着饱和度的降低而降低。根据式（5.6），在体相中考虑的流体分数（弛豫时间 $T_{ib}$）随饱和水平线性下降。通常情况，如果 $T_{ib} \gg T_{is}$，松弛时间随探针流体（$V/V_0$）的孔隙饱和度分数的预期变化，得到式（5.17）：

$$T_i = \frac{T_{is}}{\lambda} \frac{V_0}{S} \frac{V}{V_0} \tag{5.17}$$

因此，如果干燥是通过液膜变薄机制进行的，并且上述近似值成立，那么可以从观察到的弛豫时间相对于分数饱和的梯度中获得表面弛豫度。而 $V_0$ 可通过独立的方法（如重量法）获得，比表面积 $S$ 可通过气体吸附 BET 分析获得。在这种情况下，松弛测定法本身并不是一种完全独立的孔径测量方法。如果需要成像的空间分辨率数据，氮吸附也无法用单一法获得。

应注意的是，在上述方法中，假设样品整个表面的松弛度为常数，与孔径无关。对于化学不均匀样品，情况可能并非如此，因为表面松弛度可能与孔径有关。例如，如果多孔样品由复合材料组成，不同的组分具有不同的化学性质和不同的孔径，则可能会出现这种情况。然而，如果样品中含有大量顺磁杂质，如具有奇数电子的金属离子（$Fe^{2+}$、$Cu^{2+}$、$Ni^{2+}$ 和 $Mn^{2+}$），则存在一个更为关键的问题。高度顺磁性的物质会显著增加探针流体的弛豫速率，因此它很短，无法测量。即使在不过早破坏 NMR 信号的较低浓度下，弛豫时间变化也可能代表顺磁性物质表面浓度的变化，而不是孔径的变化。

对于含有顺磁离子且在结构中均匀分布但也是多孔材料小碎块，可以采用另一种松弛测量方法（Devreux et al.，1990）。如果多孔材料是一种小碎块，那么质量 $M$ 将按照式（5.18）在空间中以距离 $r$ 分布：

$$M(r) \sim r^D \tag{5.18}$$

样品的自旋晶格弛豫速率将通过偶极耦合的过程来促进，该过程的时间常数随着距离的增加而增加，如 $r^6$。因此，扰动后 $t$ 时刻恢复的磁化将是半径为 $r \sim t^{1/6}$ 的球体中包含的自旋的磁化。因此，观察到的磁化恢复 $m$ 具有时间依赖性，则：

$$m(t) \sim t^{D/6} \tag{5.19}$$

在含顺磁铬的硅–29 魔角自旋（MAS）固体核磁共振研究中观察到了这种幂律。

### 5.3.2.2 扩散

弛豫时间和扩散率的确定都依赖于信号衰减的测量。对于多孔介质，松弛和扩散的影响可以关联起来，因为具有小孔隙的孔隙空间通常具有更高的弯曲度，而导致扩散率降低。对于受激回波型脉冲场梯度实验，信号强度的一般表达式为：

$$\frac{I}{I_0} = \frac{\sum_i p'_i \exp\left[-D_i \gamma^2 g^2 \delta^2 \left(\Delta - \frac{\delta}{3}\right)\right]}{\sum_i p'_i} \tag{5.20}$$

其中：

$$p'_i = p_i \exp\left[-\frac{2t_{d1}}{T_{2i}} - \frac{t_{d2}}{T_{1i}}\right] = p_i \exp\left[-\frac{2t_{d1}}{T_{2i}} + \frac{t_{d1}}{T_{1i}} - \frac{\Delta}{T_{1i}}\right] \tag{5.21}$$

式中：$t_{d1}$ 和 $t_{d2}$ 是受激回波实验的 NMR 脉冲序列内的延迟时间。

从式（5.20）可以看出，扩散时间 $\Delta$ 的增加，弛豫较慢区域的信号将变得更强，因为弛豫较快的区域将迅速衰减。为了提取所有弛豫区域的扩散系数，而不考虑弛豫时间，需要在一系列扩散时间内获得大量数据点的丰富数据集，以同时拟合具有多个未知数的式（5.20）和式（5.21）。

所选探头流体的性质也会对使用 PFG NMR 测量的弯曲度产生影响。如上所述，分子的随机热运动意味着它们将在孔隙核心的块状流体和靠近壁的分子层之间进行交换。迁移到后一个表面层意味着分子进入表面电位范围并相互作用。这种表面相互作用导致分子翻滚的减少，从而导致弛豫速率的增加，但其强度也足以阻止分子通过空隙空间产生更普遍迁移。这种延迟的程度取决于分子的类型，而分子的类型决定了与表面可能发生的相互作用的类型和数量。例如，二氧化硅表面具有极性羟基，可以通过偶极—偶极静电吸引，甚至氢键和水中的羟基相互作用。这些影响意味着研究已经能够表明，获得的弯曲系数取决于所使用的液体（D'Agostino et al.，2012）。除了上述瞬态吸附效应外，根据式（5.10）不同的分子会在相同的扩散时间内扩散不同的距离，因此样品扩散率的平均值将不同。

## 5.3.3 核磁共振成像

利用核磁共振成像可以获得自旋密度和孔隙度宏观空间变化的空间分辨图。这类图的空间分辨率取决于多种因素。核磁共振成像仪器必须具有足够强的磁场梯度。随着分辨率的提高，核磁共振信号产生于越来越小的体积，因此强度降低，尤其是当样品的孔隙率较低时。因此，须获得足够的信噪比，以获得质量良好的符合式（5.16）的高分辨率图像，需要增加扫描次数。可以重复相同的核磁共振实验，并将结果共同分析处理，以提高数据质量。信噪比（S/N）随着扫描次数的平方根增加。低孔隙度样品的高分辨率图像可以使获得良好序列号所需扫描次数多，所需的采集时间非常长（数小时到数天）。

为了获得孔隙度、孔径和弯曲度的空间分辨图，通常需要使用某种类型的探测流体。这种流体必须有一个核磁共振活跃核，并能润湿孔隙。

## 5.3.4 计算机辅助 X 射线断层扫描

基于实验室的设备可以实现的典型最高分辨率为 $1 \sim 2\mu m$，低至几百纳米，具体取决于所使用的机器（Bultreys et al.，2016）。同步辐射光源的高光束强度使图像能够快速地获得，可以研究相对快速演化的多孔结构（Bultreys et al.，2016）。

为了避免 CXT 图像中出现噪声，探测器上需要接收大量的 X 射线信号。为了确保图像中有大量光子，可以延长采集时间。如上所述，很多用于断层扫描重构的样本投影都是不同角度的投影。对于一些无生命的样品，可以通过在旋转转台上投影样本实现。因此，必须将样本固定，这是为了确保图像中没有因样本移动造成的模糊。这意味着只有能够牢固固定到位的样品才能成像。

如果被成像材料的电子密度较低，则孔隙空间和固体之间的对比度可能较低。通过将高电子密度的探针流体吸入孔隙空间，可以增强空隙和固体之间的对比度。这是唯一一种可以从外部进入的孔隙。探针流体必须湿润孔隙。常见的探针液体有二碘甲烷、溴化物或碘盐溶液（Moradllo et al.，2017）。

## 5.3.5　电子显微镜

EM 所需的样品制备取决于样品的原始形式。如果样品已经是细粉末或薄膜，则即使是 TEM 也不需要减小尺寸。首先，样品必须足够小，以适合样品夹持器，对 TEM 来说，样品必须足够薄，以允许电子传输。可以使用锯子、水刀、切片机或超声波圆盘切割器来减少样品厚度。当需要获得平面进行检查时，可将样品嵌入树脂中并进行切片。切片机可以将样品的厚度减小，从而使其对电子束透明。切片机在样品中形成凹陷或沟纹。最终，可以使用氩离子研磨机增加凹陷或沟槽的深度，从而在样品底部形成一个孔。在产生孔的过程中，切片机也同时在孔的周围产生高度稀释的样品，可以提取并用于 TEM。不能通过压痕或研磨来稀释的样品，可以通过超显微切割来缩小尺寸，包括用钻石或玻璃刀切割薄片。通常先将样品嵌入硬度相似的树脂中，以便于切割，也可以用聚焦离子束（FIB）切割薄片样品。样品的一条表面可以覆盖金属，以保护其免受离子束的影响。然后，使用光束在金属带的两侧切割沟槽，最后，可以从金属膜下提取一薄层样品。这片薄片将足够薄，电子可以穿透。对于质软或熔融的样品，可以在液氮温度下完成，以便在必要时将样品冻结为固体。

在样品制备的最后阶段，应始终使用等离子清洁器，以去除碳氢化合物沉积物和尺寸减小过程中的其他残留物，从而提供一个干净的待成像表面。样品（尤其是绝缘体）可以涂上导电材料，如碳、铂或金，以防在成像过程中发生电荷的集中（在图像中表现为强烈的发光）。

制备好的样品可以放在网格上。网格由铜、多孔碳或蕾丝碳上的氧化石墨烯和镍等材料制成。使用的特定网格支架将取决于样品的性质。粉末样品可以悬浮在 IPA、丙酮或水等溶剂中，再滴到网格上并干燥。当最终寻找要成像的颗粒时，应该记住，颗粒倾向于聚集在干燥液滴的边缘，并产生咖啡环效应。

# 5.4　实验结果分析

对 2D 和 3D 图像进行的许多标准分析都可以使用商业软件工具来完成，其中一些工具可以从互联网上免费下载。但都有其局限性，需要大量的操作。

从成像方法获得的数据分为 2D 和 3D 数据集，分别从上述各种方法（如 SEM 和电子断层成像技术）获得。特别是，3D 方法消除了 2D 方法中存在的体视学误差。在某些方面，双光束显微镜方法介于 2D 和 3D 方法之间。采集的单个数据组件是 2D 的 SEM 图像，但样本中的一些平面可以重新组装成三维堆积。

## 5.4.1 孔隙度、体积分数和孔隙度描述

### 5.4.1.1 间接法

间接法，如 NMR、MRI，自旋密度（以及 $T_1$ 或 $T_2$ 弛豫时间）图可以从标准 NMR 实验中获得。通过将测量的自旋密度与已知体积的相同探针流体的校准样品的自旋密度进行比较，可以获得样品的空隙率，从而获得样品中探针流体的体积。通过该体积与样品体积之比可得出空隙率。

### 5.4.1.2 直接成像法

在成像数据可以用于确定空隙空间描述符之前，必须去除各种图像伪影。不同的成像方式产生了一系列潜在的伪影。

在 CXT 中，常见的伪影是由于多色光束（包含光子能谱）的噪声、模糊、光束硬化，或由于光源加热而导致的入射强度漂移。可以通过将图像数据通过几种去噪滤波器去除噪声（Schlüter et al.，2014）。图像模糊可以通过边缘增强来消除。光束硬化在图像中表现为围绕高衰减特征的条纹，以及图像强度随距离样品中心的渐变。这些都很难去除，但光束可以在样品本身之前通过过滤器进行预硬化。

一旦获得多孔材料的图像，下一步就是确定特定像素强度或灰度值的重要性，这样就可以分配哪些像素对应于空隙，哪些像素对应于实体。这个过程被称为图像选通或分割。最简单的方法是创建像素强度的直方图，并查看是否存在双峰分布，这样一种模式可以指定为空模式，另一种模式可以指定为实模式，中间强度的像素明显不足（分布中两个峰值之间的深谷），可以指定为两者之间的分界点。然而，这种明显的双峰分布并不常出现，阈值变得更加困难和主观。在阈值水平不明显的情况下，已经开发了各种算法来纠正直方图中的偏差（Schlüter et al.，2014）。此外，还开发了一系列不同的算法来执行阈值程序。然而，每种方法的答案都可能存在一定差异。解决这个问题可以尝试几种不同的算法，比较每次的结果对特定的算法有多敏感。如果结果对算法的选择不敏感，那么获得的值可靠。

一旦图像在固体和孔隙之间进行阈值化，可以使用图像分析软件对孔隙像素进行计数，以生成孔隙度或孔隙率分数值。如第 1 章所述，孔隙度的另一个名称是相位函数的零阶矩，其中图像中 $x$ 位置的相位函数 $Z$ 定义为：

$$Z(x) = \begin{cases} 1 & x \text{ 属于空隙} \\ 0 & \text{ 其他} \end{cases} \tag{5.22}$$

其中，

$$\varepsilon = \overline{Z} \tag{5.23}$$

相位函数的第一个矩称为相关函数 $R$，由式（5.24）给出：

$$R(u) = \overline{[Z(x) - \epsilon][Z(x + u) - \epsilon]}/(\epsilon - \epsilon^2) \tag{5.24}$$

相关函数通过位移 $u$ 处的像素与位置 $x$ 处的给定像素具有相同相位（即空隙空间或固体）的概率分布来表征固体和空隙空间的空间分布。如果多孔结构是各向同性的，那么只需要一个相关函数来描述该结构，位移只是像素之间的直线距离（而不是一个空间分量）。

相关函数还提供了评估空隙空间描述符统计可靠性的关键标准，即相关长度。当 $R$ 的相应值首次变为零时，相关长度是 $|u|$。相关长度是特征长度标度，超过该标度，空隙空间描述符的值与用于获得测量值的空隙空间体积无关。为了获得描述符的代表性（即典型）值，测量体积必须超过相关长度。对于非常不均匀的样品，关联长度可能有效地超过颗粒大小。这意味着整个颗粒必须构成测量体积，才能获得总体平均孔隙度，而较小的样品体积必然是不正确的。非均匀样品也可能由具有各自内部不同相的相关长度组成。显微镜和成像方法的一个关键问题是，视野或成像体积可能不会超过相关长度，因此，由此获得的空隙空间描述符可能在统计学上无法代表整体。这是成像和间接方法对假设相同的孔隙空间描述符（如孔隙度）获得不同估计的常见原因。

## 5.4.2　孔径

### 5.4.2.1　间接法

间接法（如 NMR、MRI）$T_1$ 或 $T_2$ 弛豫时间可以从标准 NMR 实验中同时获得。如果假设孔隙几何形状将孔隙表面积、体积比转换为孔隙尺寸，则可以使用双组分快速交换模型将弛豫时间转换为孔隙尺寸。

### 5.4.2.2　直接成像法

通过使用简单平均动力学直径 $d$，从整个选通（孔隙、固体）图像得出的总

表面积 $S$ 和孔隙体积 $V$ 的估计值，可以获得总平均孔隙尺寸：

$$d = \frac{4V}{S} \tag{5.25}$$

从孔隙空间的直接图像中获取孔径分布首先需要选择单个孔隙的定义。在模型多孔介质的情况下，如 SBA-15 二氧化硅，其具有六边形阵列的平行、规则的圆柱形孔隙空间，看起来像一个微型的酒架，相对而言，可以将每个此类孔隙空间识别为单个孔隙。然而，对于无序、不规则的孔隙空间，这样做要困难得多。有多种算法可用于将孔隙空间分割成单个孔隙。

Lin 和 Cohen（1982）首先提出了一种从整个孔隙空间的连续体中提取单个孔隙的分割算法，称为形态细化。该过程包括：

（1）将表面体素识别为一个实体素，通边有一个或多个空体素。

（2）这些最近邻的空洞体素被细化，并用细化后的圆形数进行标记。

（3）细化后的体素可以算作下一轮细化的潜在实体表面体素，因此可以识别最近邻的空洞。

（4）对这些最近邻的空洞体素进行细化和标记。

（5）继续细化，直到所有体素都被标记（图5.6）。

（6）将孔隙中心识别为稀释标签中的局部最大值。

（7）通过在相同的细化水平上找到所有连接的体素，将这些局部最大值生长成孔隙。

（8）通过在下一个最低的细化水平上找到所有连接的体素，孔隙进一步生长。

（9）重复这个过程，直到所有体素都属于一个孔隙。

在形态学细化中，颈部不需要单独识别，因为它们始终是在连接的孔隙之前被细化的体素。

一旦通过图像分割识别出单个气孔，其通常会显示出不规则的形态，这与欧几里得球体和圆柱体非常不同。因此，没有一个明显的尺寸可以指定为孔径，相当于球体或圆柱体的直径。在该过程的这一阶段，还有另一组选项可用于确定描述孔隙的特定特征参数。

一个简单的办法是确定单个孔隙的表面积和体积，再通过式（5.25）计算得到。另一个办法是找到最大内部可填充球体大小。这种方法是将越来越大的球体放置在孔隙空间中，并得到最大尺寸的球体，使其仍然适合指定的孔隙体积。然而，这种方法的问题在于，它忽略了特别不规则孔隙中的表面波纹。

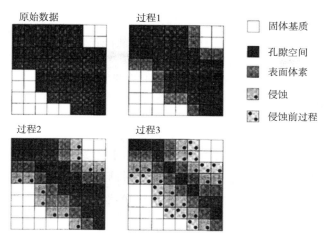

固体基质

孔隙空间

表面体素

侵蚀

侵蚀前过程

原始数据 过程1

过程2 过程3

图 5.6 连续细线化处理过程的示意图

转载至 Baldwin et al.，1996 年，Elsevier 许可。

弦长分布（CLD）函数 $p(z)$ 可用于量化无序多孔固体的特征尺寸（Torquato et al.，1993）。弦是随机线与两相（实心—空心）界面交点之间的长度。特别是，CLD 函数 $p(z)$ dz 是在其中一个相位（如 void）中找到 $z$ 和 $z+dz$ 之间长度弦的概率。

### 5.4.2.3 网络连通性与特定类别

多孔固体拓扑结构的一些测量对于理解空隙空间互连影响的物理过程至关重要，包括气体吸附和质量传输。Tsakiroglou 和 Payatakes（2000）建议，一般来说，为了描述复杂的、多重连接的、封闭的空间表面（介于空隙和固体之间）的拓扑结构，其变形收缩的概念是有用的。这种结构是通过不断收缩表面直到接近键和节点网络而形成的。在多孔固体的基于晶格的模型中，如孔隙键网络，很容易将配位数定义为在给定节点处相遇的孔隙数，将连接性定义为所有网络节点上平均的总配位数。如果已从直接图像的连续孔隙空间中分割出单个孔隙，则也可以应用类似的定义。

在图像中发现，表征多连通闭合曲面连通性的一个更直接的度量是属。多重连通闭合曲面的 $G$ 属定义为：在不将其分成两个不连通部分的情况下，可以在该曲面上进行（非自相交）切割的数量（De Hoff et al.，1972；Tsakiroglou et al.，2000）。属是测量体积的函数，因此另一个量，特定属$<G>$的定义为单位体积的平均属，通常用作孔隙互联性的描述符。特定属是由平均属相对于样本体积的恒定斜率估计的。应该注意的是，具体属取决于网络节点的分离以及它们的连通性。获得特定属的图可以从检查多孔介质的连续切片中得到（如 FIB SEM）。上述相位函数的矩阵可以扩展到三个或更多点，从而包含拓扑信息。

# 5.5  结论

核磁共振和成像方法通常比其他方法（如汞孔隙率测定法）对样品的破坏性更小。汞孔隙率测定法很难去除汞而无法进行后续实验。核磁共振方法的优点是，可以使用不同的实验技术，可以使用相同的探针流体，可以在同一样品上获得结构和传输信息。尽管分辨率有限，成像方法可能比气体吸附或热孔隙度测量等其他方法更直接地描述多孔系统，并包含空间信息。

然而，核磁共振预处理成像方法，如弛豫时间加权磁共振图像，提供了一种方法，仍然可以获得一些空间信息，并将小尺度孔洞空间特征映射到更直接成像的分辨率极限以下。虽然成像中不需要建立更抽象的解释模型，但通常仍然存在某种数据处理和分析方法，使实验结果更接近真实情况。

# 参考文献

［1］ Baldwin CA, Sederman AJ, Mantle MD, Alexander P, Gladden LF（1996）Determination and characterization of the structure of a pore space from 3D volume images. J Colloid Interface Sci 181（1）：79-92

［2］ Brouwer DH, Darton RJ, Morris RE, Levitt MH（2005）A solid-state NMR method for solution of zeolite crystal structures. J Am Chem Soc 127（29）：10365-10370

［3］ Brownstein KR, Tarr CE（1977）Spin-lattice relaxation in a system governed by diffusion. J Magn Reson 26：17-25

［4］ Bultreys T, De Boever W, Cnudde V（2016）Imaging and image-based fluid transport modeling at the pore scale in geological materials：a practical introduction to the current state-of-the-art. Earth Sci Rev 155：93-128

［5］ Callaghan PT（1991）Principles of nuclear magnetic resonance microscopy. Oxford University Press, Oxford

［6］ Cnudde V, Boone M, Dewanckele J, Dierick M, Van Hoorebeke L, Jacobs P（2011）3D characterization of sandstone by means of X-ray computed tomography. Geosphere 7（1）：54-61

［7］ D'Orazio F，Bhattacharja S，Halperin WP et al（1990）Molecular diffusion and NMR relaxation of water in unsaturated porous silica glass. Phys Rev B 42（16）：9810–9818

［8］ D'Agostino C，Mitchell J，Gladden LF，Mantle MD（2012）Hydrogen bonding network disruption in mesoporous catalyst supports probed by PFG–NMR diffusometry and NMR relaxometry. J Phys Chem 116（16）：8975–8982

［9］ De Hoff RT，Aigeltinger EH，Craig KR（1972）Experimental determination of the topological properties of three–dimensional microstructures. J Microsc 95：69–91

［10］ Devreux F，Boilot JP，Chaput F，Sapoval B（1990）NMR determination of the fractal dimension in silica aerogels. Phys Rev Lett 65：614–617

［11］ Hill R，Rahman FHMF（2011）Advances in helium ion microscopy. Nucl Instr Methods Phys Res A 645（1）：96–101

［12］ Hollewand MP，Gladden LF（1995）Transport heterogeneity in porous pellets–I. PGSE NMR studies. Chem Eng Sci 50：309–326

［13］ Keller LM，Schuetz P，Erni R，Rossell MD，Lucas F，Gasser P，Holzer L（2013）Characterization of multi–scale microstructural features in Opalinus Clay. Micropor Mespor Mater 170：83–95

［14］ Lin C，Cohen MH（1982）Quantitative methods for microgeometric modelling. J Appl Phys 53：4152–4165

［15］ Ma L，Dowey PJ，Rutter E，Taylor KG，Lee PD（2019）A novel upscaling procedure for characterising heterogeneous shale porosity from nanometer–to millimetre–scale in 3D. Energy 181：1285–1297

［16］ Moradllo MK，Hu Q，Ley MT（2017）Using X–ray imaging to investigate in–situ ion diffusion in cementitious materials. Constr Build Mater 136：88–98

［17］ Saif T，Lin Q，Butcher AR，Bijeljic B，Blunt M（2017）Multi–scale multi–dimensional microstructure imaging of oil shale pyrolysis using X–ray micro–tomography，automated ultra–high resolution SEM，MAPS Mineralogy and FIB–SEM. Appl Energy 202：628–647

［18］ Schlüter S，Sheppard A，Brown K，Wildenschild D（2014）Image processing of multiphase images obtained via X–ray microtomography：a review. Wat Res Res 50（4）：3615–3639

［19］ Torquato S，Lu B（1993）Chord–length distribution function for two–phase random media. Phys Rev E 47：2950–2953

［20］ Tsakiroglou CD，Payatakes AC（2000）Characterization of the pore structure of reservoir rocks with the aid of serial sectioning analysis，mercury porosimetry and network simulation. Adv Wat Res 23（7）：773–789

# 第6章

# 综合实验方法

## 6.1 研究背景

第 2~第 5 章中介绍的孔隙表征方法，通常是单独使用或仅在同一材料上使用。例如，可以分别使用压汞孔径测定法和气体吸附法从同一批催化剂的两个不同样品中获得两个单独的孔径分布。即使同时使用两种或两种以上表征方法，得到的数据也通常只能以互补的方式使用，例如分别独立于气体吸附和脉冲场梯度核磁共振（PFG NMR）扩散实验可以获得孔径分布和孔隙连通性。当试图使用两种方法来描述相同的研究结果时存在困难。例如，即使是气体吸附和压汞法，测得的孔径分布的峰值，可能是两个渗透过程，并且由于接触角的不确定性，在某个位置或形状上并不总是相匹配的。然而，如果这些方法是同时使用的，通常不能轻易地解释其差异是由于测试材料的孔隙变化，还是由于该方法基本操作理论造成的偏差。通过将两种方法连续应用于同一样本，可以对这两种方法的数据进行更为合理的解释，称为综合实验方法。混合实验方法也可能涉及同一技术在多个不同的场合下连续用于同一样本，但同时还采用其他不同的技术。在同一样本上用不同的技术来处理和分析连续实验的数据需要对所涉及的物理过程有更加深入的理解，因为任何差异都不能简单地视为材料内部变化的原因。综合实验方法增强了这些方法提供信息的能力增加，可以获得更准确和更新的孔隙描述。

从不同的表征方法整合两种不同的物理过程也需要依靠更多的数据，从而获得更丰富的孔隙空间信息。当将综合方法应用于复杂的、无序的多孔固体时，一个特殊的要求是理解从单个的、孤立的孔隙移动到完整的互联网状结构时所产生的新兴效应。

在本章中，将通过一组案例来研究上述不同的、有潜力的、单一技术的综合实验方法。这些案例研究将展示如何应用综合实验方法以及其特征，每个案例的研究将由一组与所使用的特定综合技术相关的关键特征进行总结。

# 6.2 孔隙网状效应在孔隙特征分析中的应用

具有不同尺寸的复杂、无序的网状孔隙的多孔固体，是催化、药物学和地质学的主要材料。之前的章节介绍了许多表征方法的基本理论，如气体吸附、压汞孔隙法和低温测孔法，只考虑单孔的情况，因此，这些理论并不能解释由于无序固体网状结构中存在不同大小的孔隙的影响而产生的效应。许多这样的网状效应，即孔与孔相互影响，但这些影响是已知的。这些方法包括压汞测孔法中的孔隙屏蔽、孔隙阴影、高级冷凝（也称级联效应）和气体吸附中的延迟冷凝，以及低温测孔法中的孔隙屏蔽和高级融化，这些复杂效应的存在导致一些研究人员完全否定了过去的一些间接的方法。这些网状效应并没有使无序固体材料的表征数据的解释比简单的有序材料更加困难和模糊，相反，可以为更复杂的材料提供准确解释间接表征数据所需的必要额外信息。因此，这些影响应该被视为所需要利用的信息。为了利用网状效应来表征孔隙，需要充分了解它的作用机制，本章的目的是提供这方面的介绍。

网状孔隙最简单的例子是墨水瓶形孔隙，它可以用来证明关于复杂多孔固体的相关信息，最简单的墨水瓶形孔隙由一个狭窄的圆柱形孔颈组成，保护着一个较大的圆柱形孔体的入口，如图 6.1（a）所示。在孔隙屏蔽、孔隙阴影中，孔隙测量中的汞或低温孔测量中的冻结界面，只有在施加的压力超过或温度低于进入颈部所需的温度时才能进入孔体。当凝析液低于冷凝压力时，由于冷凝液需要一个自由的弯液面形状，导致气体解吸过程中出现孔隙堵塞，所以，在墨水瓶形孔隙中，孔体内的冷凝液不能解吸，直到孔颈中的液体开始解析时才能发生，但这只会在压力低于临界压力时才会发生。因此，当孔体和颈部同时解吸时，则会在较低的压力下进行。

如图 6.1（b）所示的墨水瓶形孔隙略有不同，在这种情况下，圆柱形孔体两端是开放的，但两端都有一个较小的圆柱形孔颈，这样孔颈和身体的长轴是共线的，这种结构甚至可能出现在模型、模板化材料中，如 SBA-15，在圆柱形孔中会出现波纹。在这种结构中可以出现冷凝和熔化现象，即当通过颈部的圆柱形套筒弯月面凝结的临界压力超过通过孔体的半球形弯月面凝结所需的压力时，气体吸附才会发生凝结，从而使整个整体填充在一起。这是因为孔颈的凝结在孔体

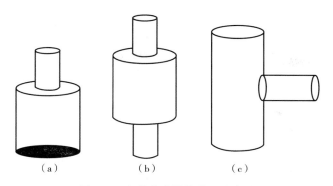

图 6.1 多种孔隙结构类型示意图

的末端形成了一个完整的半球形半月面，而圆柱形孔中，圆柱形套筒半月面孔内凝结的压力与半球形死孔中的压力相同，其压力是通孔的两倍大。因此，当颈部至少是孔体直径的一半时，就会首先发生凝结。而在低温测孔过程中，当孔颈非冻结层的径向熔化所需的温度超过孔体轴向熔化所需的温度时，孔与颈部就会首先发生熔化。这是因为孔颈中冻体发生融化时会在冻结的孔体末端形成一个半球形的固-液半月面，从而熔化时临界体颈尺寸比也不会超过 2。

　　在孔隙网状构型中出现延迟凝结，如图 6.1（c）所示，其中存在一个 t 结，使得主孔隙没有完全固体壁，孔壁上的孔降低了孔内的电势，低于具有相同整体几何形状但壁完全为实心的等效孔的电势。孔隙电位的下降导致了孔内凝结所需更高的压力。因此，孔隙连通性的增加会增加凝结压力。

　　上述网状效应能够为更复杂的孔隙结构提供新的信息，这是由于不同技术所产生的特定效应的机制特性，例如，汞浸入时的屏蔽效应是有方向性的，只有当墨水瓶形排列的孔颈更多地指向样品的外部，在汞浸入孔体后，屏蔽效应才会在数据中表现出来。相反，在低温测孔实验后期的熔化中，孔颈部相对于孔体的空间方向，并不影响这种情况是否发生。然而，有案例研究表明，需要来自两种方法的组合信息来综合判断。因此，综合实验方法是理解与解释上述新兴网状效应的关键。

# 6.3　结合压汞测孔径法和热量测孔径法

## 6.3.1　背景介绍

　　将压汞测孔径法与热孔法相结合的最大优势是它可以潜在地屏蔽压汞法中孔

隙大小的分布，而不需要使用复杂孔隙网状模型（Androutsopoulos et al.，1979；Matthews et al.，1995）。这仅是因为汞倾向于被堵塞在被屏蔽的孔隙中，并且可以用作热孔测量中的探针流体。

## 6.3.2　实验方法

结合压汞测孔径法和热孔法可以同时采用差示扫描量热法和孔径测定法。理想情况下，样品质量应在从渗透计中去除残留汞后重新称重，以确保质量的增加与孔隙率测量数据相一致。在压汞测孔径实验之后，排出的样品或其适当大小的部分可以转移到 DSC 器皿上，并密封好。理想情况下，一个小的液滴或汞薄膜也应该与样品一起转移，以提供 DSC 数据中的一个体积参考峰。此外，样品从孔隙计排放到 DSC 中第一次冻结之间的时间应最小化，以确保孔隙计在收缩时再次达到大气压力后，流经的汞没有显著迁移。对于一个新样品，它也应该在第一次实验后在 DSC 上重新运行一段时间，以检查汞是否移动，如果捕获的汞峰在从孔隙计立即排放后和在稍后的时间内处于同一位置，那么捕获的汞不太可能发生迁移。可以想象，部分饱和样品中的汞本身也可能在冷冻和融化过程中发生迁移，这可以通过使用反复的冷冻熔融循环来检查 DSC 数据中的熔化峰位置（Rigby，2018）。

## 6.3.3　墨水瓶形和漏斗形状的孔隙空间分布

比较 A 和 B 两种催化剂样品的汞浸入和汞熔化曲线的孔径分布，并使用 Kloubek（1981）如第 3.1 章所述，相关性分析的压汞测孔径法中汞的浸入和去除曲线，如图 6.2 所示。对于样品 A，虽然样品中最小的孔隙的浸入过程是可逆的，但大部分的汞被堵塞在其余的孔隙中。相比之下，样品 B 中汞在收缩时立即开始捕获，去除曲线的斜率总是小于浸入曲线，因此汞可能在所有孔隙尺寸中都有残余。A、B 两个样品都有较高的汞渗透量，特别适合压汞法和热孔法，即使是更低的诱捕水平也可以提供有用的信息。

图 6.3 显示了催化剂样品 A 和 B 的压汞法和 DSC 热孔法得到的累积孔径分布的比较，可以看到，孔隙体积已被重新归一化，使所有情况下的总孔容量都是统一的，并且垂直轴上的变量表示所有尺寸小于相应横坐标值的孔隙的比例。此外，水平轴变量是减小的孔径，通过将测量的孔径除以中值孔隙大小的孔径（即其他孔隙的一半较小或大的孔径）获得，选择这个变量是为了便于直接比较其孔径分布的形状。

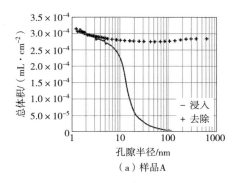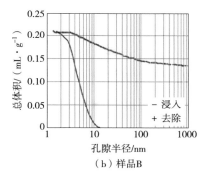

（a）样品A　　　　　　　　　　　（b）样品B

图 6.2　用 Kloubek 的相关性分析催化剂样品中汞的浸入和去除曲线

转载自 Malik et al., 2016 年, 经美国化学会许可。

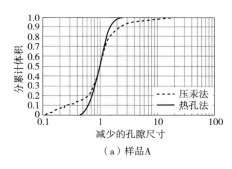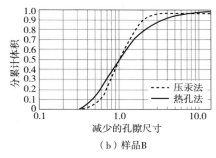

（a）样品A　　　　　　　　　　　（b）样品B

图 6.3　催化剂样品的压汞法和热孔法重整化累积孔径分布的比较

从图 6.3（a）可以看出, 对于样品 A, 在低孔径和高孔径下, 通过压汞法和热孔法获得的 PSD 之间存在偏差, 低孔隙尺寸时的偏差是由于汞浸入在孔隙中存在可逆性, 这意味着孔隙中没有汞时可以用热孔法检测。而对于高孔径下的偏差, 压汞法测量的 PSD 尾部比热孔测量的更宽。催化剂 B 的数据可以在图 6.3（b）中看出, 热孔法测量的数据中大孔径尾部比压汞法测量的数据更宽。由于高级熔化和孔隙屏蔽都会导致 PSD 的曲线变窄, 这表明催化剂 A 存在熔化现象, 而催化剂 B 存在孔隙屏蔽效应。根据上述的熔化理论, 只有当孔隙体大小与孔颈大小的比值小于临界值时, 两种影响会同时发生, 即比值为 2, 且汞浸入时沿孔颈比孔体更接近外部。由于这些影响不会同时发生在两个样本中, 因此这些条件不适用。此外催化剂 B 的热孔法测量的数据在不需要任何类型的孔隙网状建模（如第 3 章所述的关于孔隙空间的假设）的情况下, 使大孔径的分布的分析免受汞浸入的影响。

与汞浸入曲线相比, 样品 B 的热孔法测量 PSD 中低孔径尾部的分布降低,这可能是由于与样品 A 的高孔径分布部分也存在类似的高级熔化现象。样品 B 中 PSD 的小尺寸尾部的孔隙可能呈漏斗状，如样品 A 的大尺寸尾部的孔隙。漏斗形状为图 6.1（a）中的墨水瓶几何形状，但在相对于汞透过的镜像方向上。而在漏斗形的孔隙排列中，汞浸入孔径的顺序是逐渐减小的，这意味着没有发生屏蔽效应，但较窄的孔径仍然会导致与其相邻的孔隙内发生熔化现象。

### 6.3.4　孔隙—孔隙相互作用效应的主要特征

（1）孔隙屏蔽效应对沿着通道从外部接触到的特定孔径的孔大小顺序很敏感，而高级熔化现象对其则不敏感。

（2）高级熔化具有一个临界的孔体/孔颈尺寸比，超过这个值就不会发生，并且不存在孔隙屏蔽效应。

# 6.4　综合气体吸附和汞渗透率测定实验

## 6.4.1　背景介绍

气体吸附和压汞法（用水银测孔率的方法）的测定通常是同时进行分析相同的材料（样品）。这两种方法在本书第 2、第 3 章进行详细介绍，由于这两种技术都是间接测量的，所以通常需要进行一些假设来分析原始的特征数据。但是通常没有独立的方法来验证这些假设，氮气吸附和压汞法测得的孔径分布和其他文献中的描述经常存在差异。对于这些差异也有大量的解释，如压汞法会造成一定程度上的结构损坏和接触角的不确定性。值得注意的是，相同的样本也不经常同时使用这两种技术，这使得其内部的多种可变因素可以作为差异存在的另一个潜在原因。然而，对同一样品上应用一系列气体吸附和压汞法实验意味着在处理数据方面有更多的限制（Rigby，2004a）。事实上，考虑到汞往往会流经样品中的一部分孔隙，那么压汞法实验后获得的气体吸附等温线就与这些孔隙有关，意味着以这种方式整合实验会使得两个实验的数据接近一致。

## 6.4.2　实验方法

在综合实验中，先测量一个完全吸附—解吸等温线，然后回收样品并转移到汞孔隙度计中。根据所需的压力范围生成汞的原始数据，然后调回到大气压。汞孔隙度测定实验完成后，样品立即从样品管中排出，回收并返回物理吸附样品管中。当样品出现在仪器分析端口上，为了在其流经的孔中冻结汞，立即在样品中加入液氮。这样做的目的是防止汞从网状孔隙结构中弥漫。然后将样品放置约30min，以确保样品内的所有汞都已冷冻为固体，接着排出至少 5μm 汞，并在真空下保存 30min。可以使用与第一次相同的参数测量第二个等温线，先前的研究工作表明（Nepryahin，2016a；Rigby，2018），部分饱和样品中汞的神经节在反复的冷冻—融化循环中不会迁移。

## 6.4.3　案例研究及思考

### 案例 1　无序固体孔径的测定

如上所述，汞截留往往出现在多孔材料的特定孔隙子集内，但也可以通过汞孔隙测量扫描曲线来操控。在某些材料中，汞的收集量相当低，因此它被限制在一组非常小的孔隙内。这使得气体吸附和汞孔隙率测定过程发生在一个更大的无序网状结构和一个更小的部分中，以便与整个网状的其他行为区分开。因此，即使对无序固体，数据分析也可以简化，这为检验吸附理论提供了更清晰的思路。

吸附理论的验证往往发生在模板法制备的多孔材料中，它们具有相对简单和有序的多孔结构，如 SBA-15 二氧化硅。尽管这些明显的有序材料在结构上往往比预期的更复杂，它们也缺少像无序材料孔隙空间的许多常见方面，如局部孔隙大小的宏观空间相关性和孔隙配位数的分布。因此，尚不清楚针对相对简单的孔隙结构发展起来的气体吸附理论在自然和工业材料中更为复杂的孔隙结构中的应用。然而，通过综合实验，可以在一小部分的无序材料孔隙中研究其吸附行为。

溶胶—凝胶法制备的硅球 S1 不常见，因为汞截留发生在较为中间大小的孔径中，而不是像大多数材料在最大的孔径中。用溶胶—凝胶液法制备的 2～3mm 的二氧化硅球，如果球体破碎成颗粒大小为 60～90μm 的粉末，则通过压汞法测定的实验数据使用 Kloubek（1981）相关性进行分析，滞后现象被完全消除了，如图 6.4 所示。这表明，Kloubek（1981）相关性除了用于获得 CPG 外，还可用于对其他硅进行分析。

S1 与这些 CPG 具有相同的表面分形直径，并且浸入曲线和去除曲线的叠加表明，原始数据的滞后是由接触角原点引起的。如果使用 Kloubek（1981）相关性分析整个球形样品相应的压汞法孔隙率测定数据，只有在较小的孔径下才能实现重合（图 6.5）。然而，在较大孔径区域下，整个样品和碎片样品（颗粒尺寸

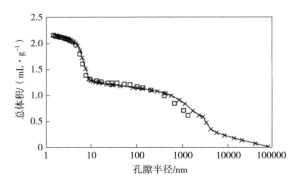

图 6.4　S1 批（粉末颗粒尺寸为 60~90μm）碎片样品中汞的浸入和去除曲线

为 60~90μm）的去除曲线与整个样品的浸入曲线具有相似的特征，只有在 10nm 以下的狭窄孔径范围内才存在差异。如果将整个样品的汞的去除曲线的增量体积减去相应孔径下的增量体积，就更加直观，如图 6.6 所示。从图 6.6 中可以看出，除了在 7 nm 附近有一个相对尖锐的峰值外，这些增量体积通常会相互抵消。因此，正是在这个狭窄的孔隙尺寸范围内，汞受限在 S1 硅球中。

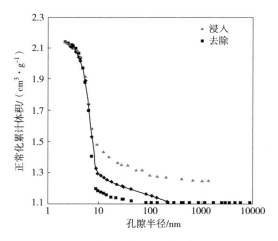

图 6.5　S1 的整个样品的汞浸入和去除曲线及 S1 碎片样品的汞浸入（填充金刚石）曲线
转载自 Rigby et al.，2008 年，经 Springer Nature 许可。

在 S1 批次的汞孔隙度测定前后也可以得到气体吸附等温线，实例如图 6.7 所示（实线是孔隙测定前的氮气吸附等温线）。从图 6.7 中可以看出，如果孔测定后的吸附等温线被向上调整 54cm³/g，那么等温线的顶部与孔测定前的吸附等温线的顶部相匹配，如果孔测定后的吸附等温线向上调整 3cm³/g，则等温线的

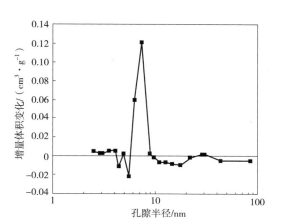

图 6.6 碎片样品浸入曲线与整个颗粒去除曲线之间的增量体积差随孔径半径的变化情况

转载自 Rigby et al.，2008 年，经 Springer Nature 许可。

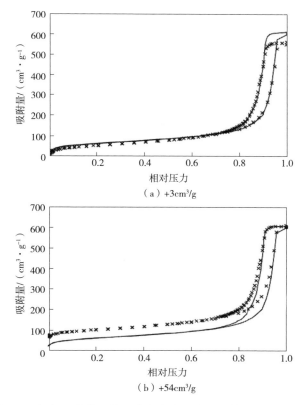

（a）+3cm³/g

（b）+54cm³/g

图 6.7 氮气吸附等温线，其中孔隙测定后的等温线向上调整

转载自 Rigby et al.，2008 年，经 Springer Nature 许可。

滞后回线区域的底部与孔测定前的等温线区域相匹配。这表明孔隙测量前后的等温线之间的差异出现在相对中间的压力下，孔隙测量数据显示汞截流发生在中等大小的孔隙，这是可以预测的。

通过减去相应相对压力下的增量体积，可以使吸附等温线与汞流经前后的吸附量的差异更加明显，对 S1 测试的结果如图 6.8 所示。从图 6.8 可以看出，在 S1 的吸附过程中，最终含有汞的孔隙凝结发生在一个以相对压力为 0.939 为中心的峰值时。将这些数据与综合实验的孔隙度数据相结合，并考虑到峰值宽度，表明在相对压力为（0.94±0.02）的情况下，填充汞的孔隙半径为（7.32±0.37）nm。相比之下，基于 NLDFT 方法（Neimark et al.，2001），假设吸附发生在一个长圆柱形孔中的吸附旋节或平衡时，孔隙半径分别为 21.0nm 或 17.3nm。从 Broekhoff 和 De Boer（1967）的方法来看，（0.94±0.02）的相对压力对应于一个半径为 14nm 的开口式圆柱，也高于压汞法测得的半径大小。

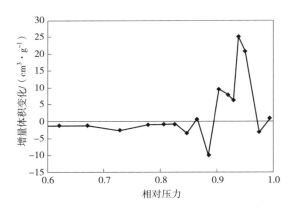

图 6.8　S1 不同批次样品中汞流经前后吸附等温线的增量体积差随相对压力的变化

转载自 Rigby et al.，2008 年，经 Springer Nature 许可。

从解吸数据中也可以得到与图 6.8 类似的图，如图 6.9 所示。可以看出，汞孔隙度测定前后的蒸发差与吸附图相似，在较低压力下有一个主峰和一些副峰，图 6.9 中的主峰出现在相对压力为 0.903 时。根据 Broekhoff 和 De Boer（1968）理论，这个蒸发压力将对应于一个半径为 13 nm 的开口式圆柱形孔隙，它仍然比压汞法测定的半径大。然而，为了提高峰值吸附压力以等于峰值解吸压力，根据 NLDFT 方法是 1.8（Hitchcock et al.，2014a，b），或者 Cohan（1938）方程是 2.0，Broekhoff-de Boer（BdB）理论是 1.5，这与 S1 的实验结果相吻合。因此，虽然 BdB 理论过度预测了孔隙大小，但正确地预测了滞后宽度。

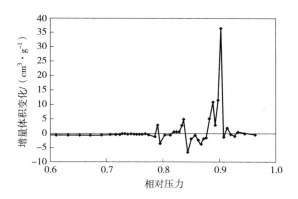

图 6.9　S1 批次样品中汞流经前后解吸等温线增量体积差随相对压力的变化

转载自 Rigby et al.，2008 年，经 Springer Nature 许可。

有研究表明，相对于其他硅材料，由于 S1 的（四极）氮多层（t 层）薄膜厚度的增加，孔径的吸附可能会被抑制，这可能是由于热预处理过程中表面的脱羟基化（从而导致极性）所致（Rigby et al.，2008a，b）。然而，扫描曲线为另一种假设提供了证据。

综合吸附实验中边界吸附曲线的信息可以用吸附汞的孔隙的扫描吸附曲线来补充（Hitchcock et al. 2014a，b），通过从压汞法测试的孔隙前的等效数据点减去压汞法测试孔隙后的实验气体吸附数据点，可以生成仅与汞吸附的孔隙相关的扫描曲线，这些曲线与没有汞存在的扫描曲线有非常多不同之处。图 6.10（a）显示了从边界吸附等温线开始的相对压力（实线）的下降扫描曲线，图 6.10（b）显示了从边界解吸等温线上的相对压力 0.894 开始，S1 中的所有空孔（实线）和流经汞的孔（钻石形）的上升扫描曲线。

汞流经的孔隙的上升和下降扫描曲线直接穿过边界曲线，而所有孔隙的凝析液在压力变化方向反转时立即出现显著变化。充满汞的孔隙是开口式的圆柱，是可预期的结果，但如果汞流经一个墨瓶几何形状的孔隙，也会出现这种情况，并且由于同时存在凝结效应和孔隙堵塞效应，吸附和解吸仅受孔体颈部大小的影响。如果充满汞的孔内的吸附过程是由邻近的孔隙控制的，它们的直径比孔体小，但也可能很短。

基于 NLDFT 理论的凝结和蒸发压力通常是对于长孔隙的预测，然而，平均场密度泛函理论（MFDFT）模拟表明，在较高的压力下，长孔隙更可能发生凝结，这是由于固体的减少导致孔隙的几率降低（Rigby et al.，2009a）。孔颈的大小可以从整个颗粒样品的汞浸入曲线中得到，因为汞的吸附会在颗粒破碎时消失，所以这些孔一定会导致屏蔽流经，这说明孔颈尺寸约为7nm。孔体和孔颈大小非常相似，由于提前的冷凝效应，这些对气体吸附是不可见的，只有通过汞压孔隙度测定实验才能表现出来。

---

**关键信息**

1. 可以使用汞的捕获来区别一小部分孔隙的吸附行为，可根据模型、模板化、有序的多孔固体进行更简单的数据分析。

2. 压汞法为高级冷凝/吸附，比氮气吸附更为敏感。

---

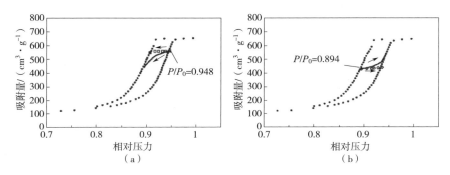

图 6.10 　（a）S1 中所有孔（实线）和被汞流经的孔（方形）的解吸扫描曲线；
（b）S1 中所有孔（实线）和被汞流经的孔（钻石形）的吸附扫描曲线
转载自 Hitchcock et al.，2014 年，经 Elsevier 许可。

### 案例2　确定气体解吸的机理

由于可能存在气蚀或抗拉强度效应（Gregg et al.，1982），气体解吸压力可能受到吸附质性质的制约，而不被探测到的孔隙结构。因此，重要的是要知道这个过程是否对气体吸附等温线存在有利的影响，而这个综合汞压实验可以阐明其解吸机制。

对于一些样品，如溶胶—凝胶硅 G1，通过 Kloubek（1981）相关性数据分析了接触角滞后现象消失后的过程，表明汞的流经仅发生在样品中最大的孔隙中（图 6.11）。最大的孔隙是最有可能受到孔隙阻塞或气蚀作用的孔隙，然而，最大孔隙的损失会影响吸附等温线的顶部，而在这些孔隙填充的地方，解吸等温线的影响区域取决于蒸发机制。如果机理是气蚀，相对压力为 0.4~0.5 的解吸等温线会受到影响，而孔隙阻塞则会影响等温线的高压区域。如图 6.12 所示，对于样品 G1，最大孔隙的损失导致吸附和解吸等温线顶部的损失，这可能是孔隙阻塞造成的（Rigby et al.，2004）。

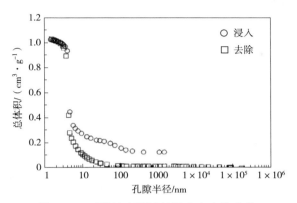

图 6.11　汞孔隙度测试的浸入和去除曲线

转载自 Rigby et al.，2004 年，经美国化学会许可。

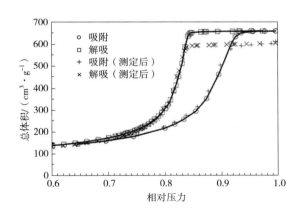

图 6.12　G1 批整个样品氮吸附等温线的迟滞回线区域叠加之前吸附和解吸曲线

[孔隙测定后：吸附（加号）和解吸（乘号）曲线]

转载自 Rigby et al.，2004 年，经美国化学会许可。

**关键信息**

　　汞吸附后氮吸附等温线的形式取决于未吸附汞的孔隙中的氮吸附机制。

**案例 3　汞在吸附机制**

如第 3 章所述，汞在吸附过程中产生的各种机制取决于材料的孔隙几何形状，可能是由孔隙大小空间分布的宏观不均匀性引起的，这会导致所有的汞都留在大孔隙的孤立区域内，从而被连续的小孔隙在其边界上完全断开。相比之下，如图 3.8 所示的玻璃微孔模型实验所示，在由狭窄的孔颈分隔的孔体中发生的截留过程中，残留的汞可能不能填满整个孔体，如果汞被冻结，那么大孔看起来就变成了更小的孔（Rigby et al.，2006a）。因此，如果从在汞吸附前后测试获得了 PSD，则会发现大孔明显减少，小孔体积明显生长，见样品 P4，如图 6.13 所示。图 6.13（a）为 414MPa 下获得的氮吸附等温线，得出的 BJH 累积 PSDs（插图显示了汞流经前后导致接近孔隙体积的损失和较大的孔隙，而部分孔隙填充导致较小孔隙的产生）。

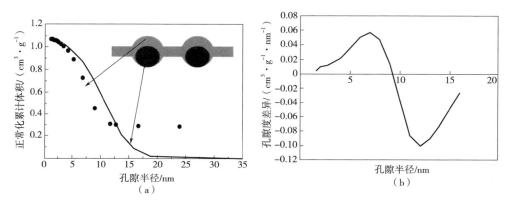

图 6.13　（a）对 P4 样品进行流经前（实线）和后（填充圆）汞孔隙度测定
　　　　（b）随着孔径的变化，孔隙度测定前后 PSD 之间的差异

转载自 Rigby et al.，2006 年，经 John Wiley and Sons 许可。

### 案例 4　孔隙长度的分布

孔隙长度在文献中很少描述，但它对于确定催化剂的抗结焦性等特性很重要。人们可以在电子显微镜图像或断层图像中单独或通过图像分析方法单独分析孔隙，但这目前难以实现，而且在对无序介孔固体的统计上不具有代表性。

从综合实验中得到的气体吸附迟滞的渗流分析可以用来确定无序介孔材料的孔隙长度分布。如第 2.3.3 节所述，氢气的迟滞环的宽度与孔隙网络的连通性有关，窄环通常与高连通性有关，而宽环通常与低连通性有关，因为前者提供了许多避免孔隙阻塞的机会，而后者则没有。为了将这种概论转化为孔隙连通性的精确定量估计，有必要将气体吸附数据变量转换为渗透变量。这一过程的关键是，气体吸附提供了一个由给定大小的孔隙体积加权的孔径分布，而渗透理论严格地说是用在孔隙的数量上。实际上，有必要改变吸附或解吸等温线上的一个位置，即空孔或填充孔隙的体积分数改为空孔或填充孔隙的数量分数的位置。严格地说，孔隙的数量是由体积加权分布得出的增量体积除以相对于大小孔隙的平均体积，需要提前知道一个给定尺寸的孔隙的平均长度，但一般是不知道的。一般认为孔径与孔隙长度之间没有相关性，因此所有孔径的平均孔长 $l$ 都是相同的（Seaton，1991），这意味着对于给定的增量体积 $V_i$，孔隙的数量 $n_i$ 只是取决于孔径，因为其他的参数都是一个常数，因此给出以下公式：

$$n = \frac{4V_i}{l_i \pi d_i^2} \tag{6.1}$$

在渗流分析中，关键参数实际上是孔隙数的比值，甚至不需要知道平均孔隙长度，因为它同时存在于在这些比值的分子和分母中。随后的渗透分析包括确定在解吸等温线上给定点上已清空的孔隙的实际数量分数，表示为 $F$，与在没有孔隙阻塞的情况下可能会清空的吸附等温线分布的数量分数相比，表示为 $f$。$F$ 随 $f$ 变化的拐点定义为渗透阈值（大致对应于解吸点），但随着连通性 $Z$ 的变化，沿 $f$ 轴的位置会发生变化，形状会随晶格大小 $L$ 的变化而变化。然而，对于随机的孔隙网络，连接性为 $Z$，边长为 $L$（以孔隙键长测量），发现了一个接近普遍的尺度关系 $G$，因此给出以下公式：

$$L^{\beta/\upsilon} ZF = G[(Zf - 3/2)L^{1/\upsilon}] \tag{6.2}$$

其中，$G$ 的特点如图 6.14 所示，找到网络格参数以等式中组的形式重新修正实验数据，并改变 $Z$ 和 $L$ 值，直到实验数据与一般函数 $G$（图 6.14）相匹配。

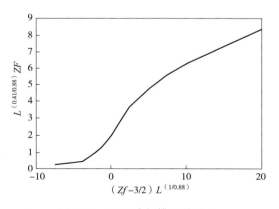

图 6.14　通用渗析模型关系 $G$

由于渗透分析还假设了一个完全随机的系统，即孔隙大小是随机的，并且孔隙大小是随机分配给晶格的，而孔隙大小没有空间的相关性。如果，如上所述，汞堵塞在最大的孔中，而且由于最大的孔是随机分布的，那么汞也是如此。如果假设吸附的汞只是从网络中去除了一个连通孔分支（但不是任何节点），那么一定程度上汞的流动应该与孔隙连通性的比例下降有关。然而，当假设孔径和长度之间没有相关性时，这一预测是不正确的。如果允许给定直径的孔隙长度分布，差异就可以消除，可以假设孔隙的平均长度随直径变化且服从以下规律：

$$\overline{l_i} = k d_i^\alpha \qquad (6.3)$$

其中，$k$ 是一个依赖于整体晶格类型的几何常数，在这种情况下，Rigby 等人在 2004 年给出了汞吸附前后测量的孔隙连通性比率：

$$\frac{Z_A}{Z_B} = \frac{\sum\limits_{j}^{N} \dfrac{V_{A,j}}{d_j^{(2+\alpha)}}}{\sum\limits_{j}^{N} \dfrac{V_{B,j}}{d_j^{(2+\alpha)}}} \qquad (6.4)$$

因此，通过综合实验测得的气体吸附数据的渗透分析，可以得到孔隙长度的分布，如果所提供的材料与该方法中的假设相匹配，即其孔隙空间近似于一个随机的孔隙键网络，而汞吸附机制是它只去除完全的孔隙分支。

Rigby et al.，2005 又介绍了一种利用汞孔隙度扫描曲线改变汞流经量的方法，并采用综合气体吸附实验进行测试，最后通过渗透分析，得到了孔隙长度的分布，而不仅仅是平均孔隙长度随直径的变化。对于汞吸附的比例越大，孔隙网络中更多的节点会开始断开，综合实验对分析孔隙协调数的分布变得更敏感。

从这一案例分析可以得出，渗流参数需要孔隙数，这意味着气体吸附可以用来探测孔隙长度分布。

### 案例 5　不同吸附剂的使用及网状延迟凝结效应的检测

在一系列综合实验中，气体吸附过程可以在汞孔隙度测定前后用几种不同的吸附剂进行，例如，氩气通常的等温线温度是 87K、氮气约为 77K，也低于汞的凝固点（234 K），因此，当汞在吸附后仍然被冻结时，也可以得到其等温线。

如果样品在汞孔隙度测定实验和气体吸附实验之间转移，要避免暴露在大气空气中，因为那么样品的表面将不会获得一层大气水分膜，并且可以探测到汞吸附后的表面变化。Rigby 等人 2018 年在各种二氧化硅材料中已经获得了氮和氩吸附等温线，利用 BET（2.17）方程对气体吸附等温线进行分析，探讨了（表观）表面粗糙度。Hitchcock 等人在 2014 年的研究结果表明，在实验误差范围内，汞流经前后的氩气表面分形尺寸与新鲜样品的 SAXS 得到的分形尺寸相匹配。然而，氮吸附表面分形尺寸高于汞吸附前的氩吸附和 SAXS 得到的尺寸（根据第 2 章描述的斑片状吸附行为），汞浸入后，它的数值下降。有人认为这是因为汞浸入后产生了许多新的光滑表面，平面冻结的金属表面和由氮测量的分形尺寸下降，因为氮开始吸附在这些平面上（Hitchcock et al.，2014a，b），相比之下，由于氩不能湿润分形 BET 分析的等温线低压部分的汞表面，因此汞吸附后的样品表面分形尺寸没有变化。

如果氩气不能在等温线的多层区域润湿冻结的汞表面，它也可能也会影响孔体的凝结。这一结论也被 Rigby（2017a）等人在 2017 年证实。氩气和氮气的综合气体吸附实验是在中、大孔材料中进行的，其中汞只堵塞在大孔中，在空样品的常规实验中，气体不会凝结。因此，当没有汞时，介孔与这些大孔孔隙相交，表现为通孔。然而，当大孔中充满汞时，它会把这些特殊的介孔变成末端为汞壁的死孔。在综合实验中发现，在汞堵塞孔后，这些介孔中氮气的冷凝压力向较低的压力移动，而氩气的冷凝压力则没有。有人认为，这是因为氮气湿润了汞壁，从而在介孔的死角形成了一个半球形的弯液面，产生了较低的凝结压力，而氩气没有润湿汞，因此仍然能看到孔隙是一个通孔。

上述研究结果表明，氮气和氩气对冷凝汞的润湿性不同，这种效应可以用于探测网状延迟凝结效应。网状延迟凝结效应的产生是由于圆柱形中孔与其他介孔的壁面相交，其轴上的孔隙具有更低的孔隙电位，同样地，由于圆柱形介孔的连接，壁上有间隙的球形孔其中心的孔隙电势比完全固体壁的球体要低（假设吸附质可以以某种方式进入）。尽管特征孔隙尺寸（直径）相同，但由于孔壁的孔隙电势较低，导致的孔隙凝结压力较低。因此，由于网状延迟凝结效应，孔隙连通性的增加会导致对孔径的高估。

然而，如果多孔材料中孔隙的侧壁与其他孔隙相交，这些孔隙充满了汞，那么可以确定这些孔隙中存在延迟凝结的影响。如上所述，氮气会润湿冷冻汞，而氩气则不会。因此，用冷冻汞填充侧孔可以有效地消除壁上孔对氮气的影响，但对氩气没有影响。因此，虽然孔体内氮气的凝结压力会降低，但氩气的凝结压力不会降低（图 6.15）。网状延迟凝结的影响可以通过汞堵塞孔后氮气吸附向较低压力的变化来评估，而氩气没有观察到（图 6.15）。

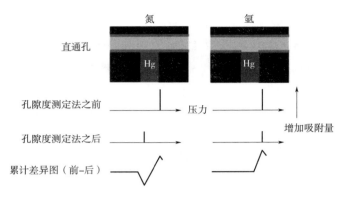

图 6.15　侧孔中汞对吸附量累积差异的预期影响示意图

转载自 Rigby et al.，2017 年，经 Elsevier 许可。

通过比较氮气和氩气吸附量的累积差异，能看出这种差异，这个图是首先通过用汞浸入前的相应值减去在特定相对压力下吸附的每个增量体积，然后，随着相对压力的增加，将这些值相加得到的。对于溶胶—凝胶硅材料 Q1，累积吸附量如图 6.16 所示。

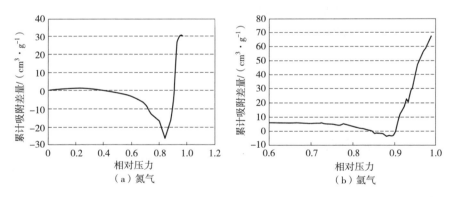

图 6.16　典型样品 Q1 上累积吸附量差异

转载自 Rigby et al.，2017 年，经 Elsevier 许可。

从图 6.16 可以看出，氮气吸附图在等温线的凝结区出现一个非常明显的负峰，然后在较高相对压力下出现更强的正偏差。相比之下，氩气的吸附图在低压下显示出很小的负偏差，而在高压下显示出较强的正偏差。在低压下，氮气的负偏差比氩气更明显，对于氮气，在较低的相对压力下，负偏差延伸为 $-20 \sim 30 \text{cm}^3/\text{g}$，然而，对于氩气，累积差值图大多仍然是正的，图 6.16（a）中氮气在正峰之前的大量负峰意味着某些孔隙内的凝结由较高压力向较低压力转变。而

图 6.16（b）中的氩气几乎只有一个正峰，这表示充满汞的孔隙的流失。这种差异归因于在汞浸入之前，孔隙中存在网状延迟凝结效应，导致了氮吸附图中的负峰。

---

**关键信息**

　　氮气和氩气对汞润湿的变化使得许多技术可以探测这些气体在无序多孔固体中孔体内的凝结，特别是网状延迟凝结效应。

---

# 6.5　综合使用磁共振成像和气体吸附

## 6.5.1　引言

　　磁共振成像（MRI）提供了气体吸附的空间分辨率，并通过一系列对比机制来预先处理成像序列，包括松弛时间测量吸附神经节大小和扩散法测量吸附物质的自由扩散。然而，要成功地结合 MRI 技术和气体吸附过程，吸附质必须包含一个 NMR 活性核，如 $^1H_2O$ 中的 $^1H$，或 $C_4{}^{19}F_8$ 中的 $^{19}F$。

## 6.5.2　实验方法

　　如第 5 章所述，NMR 的作用相对较弱，吸附等温线的低压部分可能只有少量的吸附，因此信号强度可能较低。这可以通过在 MRI 采集中进行多次扫描来弥补，但需要很长时间，因此吸附质—吸附剂样品必须在较长时间内保持一个稳定的状态。

　　一些核磁共振活性核具有相对较低的自然丰度（特别是与 $^1H$ 相比），考虑到吸附研究中吸附剂浓度相对较低，这可能需要特殊的成像技术。

## 6.5.3　相关测试

### 案例 1　吸附动力学

　　在 2002 年，Bär 等人已将自旋回声影像和核磁共振成像技术已被用于对沸石中水或轻烃的瞬态动力学吸附曲线进行成像，由于吸附质的密度较高，严格地说，随时间得到的浓度分布是吸附质的浓度分布。尽管碳 $^{13}C$ 的自然丰度很低，自旋回波单点成像技术的使用也允许[13]C MRI 研究 $CO_2$ 进入沸石的瞬时动力学吸收（Cheng et al.，2005）。在这些研究中，沸石的使用意味着吸附剂的表面积—体积比非常高，因此吸附质的体积密度很高。在介孔和大孔固体中，比表面积和吸附质的密度会更低，并且会有更多的气相。然而，超极化气体，如氙 129，可以用来研究瞬态低密度气相进入中孔，因为氙在这些孔隙中会导致孔隙内氙产生化学位移，这可以与整体的气体吸附区分开来（Pavlovskaya et al.，2015），如图6.17 所示。先前的工作研究了氙对氧化铝颗粒填充层的吸收，图 6.17（a）中图像集的体素强度有效地提供了与体素对应的样本中每个位置的气体吸附曲线，这可以拟合到模型中，如 LDF 模型，以推导出每个体相位置的传质系数（第 2 章）。

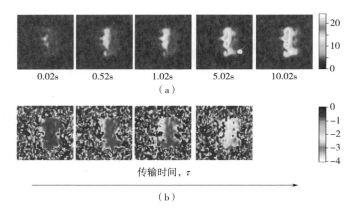

图 6.17　（a）超极化氙–129 含量随时间变化图

（b）使用 LDF 模型计算传质系数的图像

转载自 Pavlovskaya et al.，2015 年，经 John Wiley and Sons 许可。

### 案例 2　空间分辨率下的比表面积和吸附热

通过对 $C_4{}^{19}F_8$ 中的[19]F 的吸附自旋成像（Beyea，2003），得到了氧化铝和氧化锌材料在 291K 下的空间分辨率等温线（图 6.18）。获得的图像（图 6.19）提供了每个体相的等温线数据，可以拟合到标准的 BET 模型，以及每个体相位置获得的比表面积和 BET 常数（与吸附热有关），由于也获得了迟滞回线区域，所以原则上也可以获得 BJH 模型下的孔径分布。

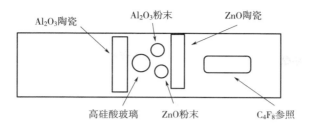

图 6.18　用于吸附成像的多孔试验材料的布局示意图

转载自 Beyea et al.，2003 年，经 AIP Publishing 许可。

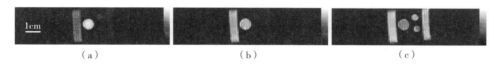

（a）　　　　　　　　　　（b）　　　　　　　　　　（c）

图 6.19　多孔材料模型中 $C_4F_8$ 气体密度的二维核磁共振图像

转载自 Beyea et al.，2003 年，经 AIP Publishing 许可。

### 案例 3　高级冷凝现象的检测

综上所述，空间效应、网状效应可以通过综合压汞法间接检测到，如高级冷凝，但也可以通过核磁共振成像更直接地观察到吸附过程。此外，高级冷凝现象消除了特定的冷凝压力和特定孔径之间的对应关系，如果有一种独立于气体吸附实验本身的方法来测量含有凝析液的孔隙的大小，就可以证明这一点，如第 5 章所述。核磁共振成像测量法提供了一种非液体浸入的方法来测量孔隙的大小。因此，在给定的压力下，利用核磁共振成像的时间可以测量吸附过程中填充的孔隙的大小。如果将弛豫时间测量法与成像相结合，也可以确定填充孔隙的空间关系。

使用 MRI 技术对一个介孔、溶胶—凝胶二氧化硅材料（G2）展示了其高级冷凝效应，其中局部孔径的空间相关性超过了足够大的长度尺度，它们可以通过 MRI 技术为约 100 μm 长的孔提供空间分辨率，如图 6.20 所

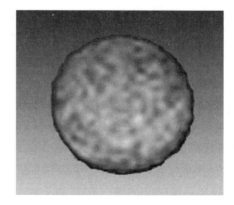

图 6.20　溶胶—凝胶硅球自旋弛豫图像

转载自 Hitchcock et al.，2010 年，

经美国化学会许可。

示为在相对压力为 0.98、温度为 296K 的情况下，任意切片吸附溶胶—凝胶硅球的自旋弛豫时间图像。对于材料中的水的吸附过程，利用分形 BET 方程来研究具有表面分形维数的多层区域的形式，发现水和氮的多层堆积情况相似（Hitchcock et al.，2010）。这与羟基化二氧化硅纳米孔内水的吸附的模拟结果一致，表明在低压下的吸附是通过普遍的多层堆积发生的，而不是孤立的一个单元层（Bonnaud et al.，2010）。

从完全饱和样本的 $T_2$ 弛豫时间图像中，可以得到单个像素松弛时间的柱形图，如图 6.21 所示。可以看出，有一个较大的孔隙，松弛时间在 70ms 以上。

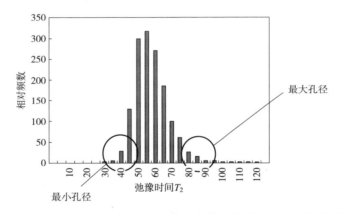

图 6.21　完全饱和硅胶球 G2 图像的自旋弛豫时间（$T_2$）柱形图

转载自 Hitchcock，2010 年，经美国化学会许可。

再次实验获得了部分饱和样品在不同水汽相对压力下沿吸附等温线的弛豫时间图像，如图 6.22 所示，得到了每个体素弛豫时间的柱形图，并可以在相对压力之间进行比较。正如预期的那样，随着水汽压力的增加，弛豫时间的模态值逐渐增大，因为较大的孔隙值被孔内冷凝物填充，然而，如果比较相对压力为 0.965 和 1.0 时的直方图，可以看出，即使在较低的相对压力下，一些最大的孔隙也会被填充。由于这些弛豫时间在完全饱和样品的直方图中是最大的，因此即使在中等蒸汽压力下，它们也必须对应于完全填充的气隙。

较高弛豫时间的部分有拖尾现象，对应于在中等相对压力下一些最大孔隙的填充，表明存在高级凝结效应。这些在图 6.23 中显示出来。

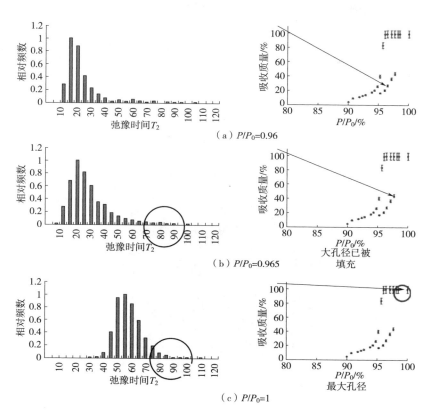

图 6.22　关于部分饱和二氧化硅颗粒的 MR 图像的自旋弛豫
时间柱形图（以上都是经过归一化后的数据）

转载自 Hitchcock et al.，2010 年，经美国化学会许可。

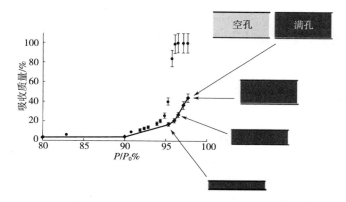

图 6.23　在相对压力为 0.965 的等温点上存在高级冷凝的示意图
（盒子代表与分布不同的不同大小的孔）

转载自 Hitchcock et al.，2010 年，经美国化学会许可。

    MR 图像如图 6.24 所示，显示了孔隙填充的空间位置，并且最大孔隙的填充区域（图中尖的峰值）总是与较小孔隙的区域相邻。可以预见的是，如果填充小孔区域有利于大孔区域的填充，就会符合其高级凝结效应。

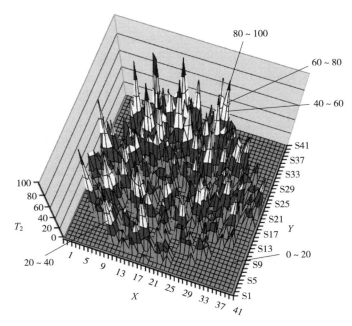

图 6.24   通过 G2 批次的颗粒暴露在相对压力为 0.965 时的任意切片的

自旋弛豫时间（$T_2$/ms）图像

转载自 Hitchcock et al.，2010 年，经美国化学会许可。

# 6.6   CXT 与气体吸附相结合

## 6.6.1   背景介绍

    对 MRI 而言，由于 CXT 对探头的流体有不同的要求，因此它可以用于对不同范围吸附质的吸附进行成像，对具有高电子云密度的物质，如碘来说，其 CXT 图像的衬度很高，但是低电子密度吸附物（如二氧化碳）的吸附也可以成像。因为检测吸附质的能力取决于与吸附剂形成足够的 X 射线吸收对比度。由于材料成分、颗粒孔隙度和颗粒堆积密度的不同，吸附剂颗粒填充床的平均吸光度会有所不同。

## 6.6.2　实验方法

如果吸收物质对 X 射线的吸收能力较强，同时其信噪比较高，CXT 的数据取得会比 MRI 快很多。

## 6.6.3　相关测试

### 案例　吸附动力学和空间解析等温线

分辨率约为 2 mm 的 CXT 已用于监测微孔碳和沸石吸附剂颗粒（尺寸约为 2 mm）复合填充床中的二氧化碳吸附（Joss et al.，2018）。该方法是利用两种吸收剂之间 X 射线吸收率随吸附质压力增加的差异来区分它们。吸附质在每种类型的吸附颗粒中表现出的吸附等温线是不同的，因此，在特定体积元素中获得的等温线的形状可以用来表示位于该体积元素位置的颗粒类型。

# 6.7　结合气体吸附的 NMR 低温扩散和弛豫测定法

## 6.7.1　背景介绍

利用核磁共振进行热法孔隙率测定实验（通常被称为低温核磁技术）的优势是可以与各种核磁共振工具相结合，尤其是松弛测定法和扩散测定法，这提供了多种非相关的方式来测量相同的参数，如吸附中的填充孔径，以及得到一些相关信息的额外表述，例如吸收液体在孔节点处的一些扭曲行为。此外，对于使用相同探针流体的相同样品，还可以获得结构和传输信息。

## 6.7.2　实验方法

最普遍的实验组合就是制备具有特定水蒸气吸附能力的部分饱和样品。一旦冷凝达到平衡，它就可以用作 NMR 低温孔隙率测定、NMR 弛豫测定、NMR 扩散测定（FPG NMR）的探针流体。核磁共振弛豫测定法和低温孔隙率测定法为测量填充的孔节点，以及孔大小提供了较好的方法。在第 5 章中提到，每种方法都有其局限性，但组合方法提供了一种可以尽可能缩小其局限性的途径。由于高级熔融效应，低温孔隙率测量的孔径分布可能会向较小的孔径倾斜，但是通过扩散平均法，松弛法的孔径分布可能会被人为地缩小。

在实际的实验中有许多复杂的问题需要用到组合实验，在对部分饱和样品（如吸附或干燥实验）进行扩散测量实验时，探针分子可能会通过气相和液相迁移（Naumov et al.，2007），气相输送比液相输送快得多。因此，可以通过计算均方根（rms）位移并检查它们是否与仅液相的质量传输一致来检测可能出现的显著气相传输。此外，在低温孔隙率测定法中，部分饱和样品的探针流体可能在冷凝过程中在孔隙之间迁移（Kaufmann，2010）。但这可以通过测量同一样品的重复冷凝—熔融循环来检测，并观察熔融曲线是否在循环之间移动位置，如果孔隙之间发生任何探针流体蠕变都是可以预料到的（Rigby，2018）。

## 6.7.3 相关测试

### 案例 高级吸附和高级熔融的研究

吸附与 NMR 低温孔隙率测定法、松弛测定法和扩散测定法相结合的强大作用已在 Shiko 等人的无序溶胶—凝胶二氧化硅的研究中（下文中统称为 S1，Shiko et al.，2012）得到证实。低温孔隙率测定法和松弛度测定法可能为吸附冷凝的微孔节点的大小、位置提供精准的测量数据，而扩散度测定法则提供了吸附相连接的相关信息。这些发现有助于对探究某种给定材料，哪种技术可以给出最准确的孔径分布这一问题进行解释，这种材料的吸水等温线如图 6.25 所示。

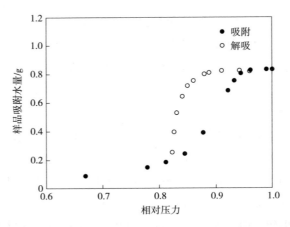

图 6.25　在 294K 下 30 个颗粒样品的标准化水吸附和解吸等温线

转载自 Shiko et al.，2012 年，经 Elsevier 许可。

　　图 6.26 显示了在几个不同相对压力（0.81~0.94 范围）下获得的 S1 单颗粒样品中，水蒸气吸附的低温孔隙率熔融曲线。对于每个不同的相对压力，熔融体积分数的分母是颗粒的总孔隙体积，因此，低于总液体饱和度的实验达到的最终熔融体积分数小于 1。还可以看出，随着相对压力的增加，熔融曲线向更高的温度方向移动，其斜率变得更大（例如在一小段温度区间变化）。值得注意的是，相对压力为 0.91 和 0.92 时，熔化曲线通常在高达 269.5K 时相互叠加，但之后会分开，且 0.92 相对压力曲线比 0.91 相对压力曲线上升得更快（图 6.26 插图）。但是，在相对压力为 0.91 时的曲线显示出在较高温度范围内（270.3~270.7K）的信号强度的增加明显大于 0.92 时的相对压力曲线。

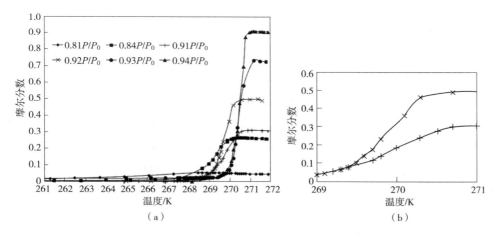

（a）　　　　　　　　　　　　　　　　　（b）

图 6.26　在不同的水蒸气相对压力下，S1（样品 1）单颗粒样品中
吸附相的 NMR 低温孔隙率熔融曲线

转载自 Shiko et al.，2012 年，经 Elsevier 许可。

　　图 6.27 显示了 S1（样品 1）的自旋—自旋弛豫时间 $T_2$ 随水蒸气相对压力的变化。可以看出，在初始上升到相对压力为 0.84 后，$T_2$ 值基本保持不变，直到相对压力为 0.91 时开始急剧上升。在 0.91 和 0.92 的相对压力之间，随着压力的增加弛豫时间 $T_2$ 上升，与填充大孔隙一致，这与压力增加时在越来越大的孔隙中逐渐吸附的观点相符。相比之下，这与图 6.26 中这些压力下低温孔隙率测定实验的熔融曲线不一致。这些都可以表明，在较低的相对压力下填充了更多的孔隙，因为在高熔融温度下，其熔融曲线仍然相对陡峭，而在较高温度范围内，较高相对压力下的熔融曲线相对平缓。但是，这种明显的差异可以通过低温孔隙率测量数据中存在的高级熔融效应来解释，后续介绍的扩散测量数据支持了这一观点。

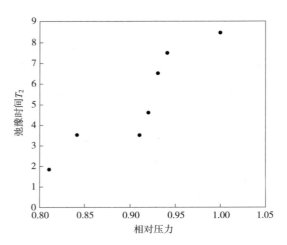

图 6.27　在熔融曲线顶部（均为 273K）获得的吸附相的 NMR 自旋弛豫
时间（$T_2$）的变化，以及 S1 样品的水蒸气相对压力（$P/P_0$）

转载自 Shiko et al.，2012 年，经 Elsevier 许可。

图 6.28 S1（样品 1）在相对压力下无限制扩散弯曲度的趋势。随着平衡吸附压力的增加，弯曲度大致保持不变，直到相对压力达到 0.91，然后随着相对压力的增加，弯曲度迅速下降。这种弯曲度的下降将与被吸附神经节的连接性的增加有关，因为液体可以更容易地在周围自我扩散。反过来，孔间连接的增加将促进孔与孔之间的协同效应，如吸附中的高级冷凝和低温孔隙率测量中的高级熔

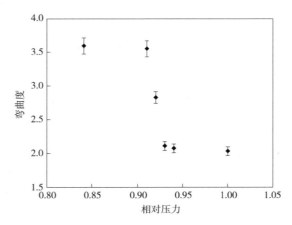

图 6.28　在熔融曲线顶部（均为 273 K）获得的吸附相无限制扩散弯曲度的变化，
S1 样品的水蒸气相对压力（$P/P_0$）

转载自 Shiko et al.，2012 年，经 Elsevier 许可。

融。这与较低的饱和熔融曲线在较高的熔融温度下比较高的饱和熔融曲线更陡的异常现象相一致，因为如果与较小的孔隙连接，使更大的孔隙实际上更容易熔融，则曲线斜率将增加，从而使在其更低的温度下进行高级熔融成为可能。

与吸附等温线相比，低温孔隙率法测得的完全饱和样品的熔融曲线更陡，这表明，对于这种材料，高级熔融效应比高级吸附效应更普遍。

案例要点：

（1）系统测试方法能提供更加直接的，成熟有效的证据。

（2）组合方法能为以前一些难解释的问题给出一些新的观点，如高级溶解以及高级吸附。

（3）高级熔融和高级吸附对孔的连通性的依赖性极强。

# 6.8　CXT 和液态金属侵入相结合

## 6.8.1　背景介绍

本节描述了液态金属侵入和 CXT 的方法，即对含有金属的样品进行成像，但不仅仅是在同一材料上同时使用这两种技术。Cody 和 Davis（1991）以及 Hellmuth（1999）等人提出了在多孔材料的孔隙空间内对侵入金属进行 X 射线成像的方法，除汞外，还使用了一些其他液态金属进行侵入，如镓和低熔点合金（LMPA，含有 Bi 的一系列金属合金）都被用来造影。

## 6.8.2　实验方法

如果将汞用作探针流体，则可以使用标准孔隙率实验将汞截留在样品中，通过使用扫描曲线，仅填充一部分孔隙，就可以在一定程度上控制样品中汞的数量和位置。如果使用完整的 X 射线断层扫描，可以获得关于汞位置的完整三维位置信息。

但是有一个需要注意的问题是样品从孔隙率计样品转移到 CXT 机器时，要尽可能快且小心，以防止这段时间汞在样品中迁移或从样品中挤出。在极端情况下，样品可在液氮中冷冻，以便在从孔隙率计排放后立即将汞冷冻到位。通过在延长的时间段内多次重复拍摄同一样本的 CXT 图像，并比较图像之间汞的空间分布，可以评估截留汞的稳定性。如果探针流体为镓或熔融 LMPA，则必须将样品温度升高到金属熔点以上侵入，然后再次降低到金属熔点以下，以便在存在压力下的情况下将其冷冻到位。

含金属样品的 CXT 中得出的空间范围和信息量取决于能够穿透含金属样品的 X 射线。例如，汞是一种电子密度很高的元素，而 LMPA 含有其他密度的元素，因此，X 射线无法穿透非常长的金属路径长度，从而无法成像。金属的最终路径长度取决于样品的总孔隙率以及其中填充金属的比例。

## 6.8.3 相关测试

### 案例1 比孔隙度作图

截留金属的最简单用途是作为对比剂，帮助区分孔隙和基质。填充金属的特定孔隙取决于侵入过程中使用的极限压力，这将限制可能填充的最小孔隙大小，以及它是否会被困在侵入的孔隙中。对于所有或几乎所有汞被截留的样品，包括扫描曲线，都可以用来绘制孔隙度的空间分布图，而孔隙度只能通过一定尺寸以上的路径从外部获取。对于汞仅被截留在特定类型孔隙中的样品，可以专门绘制这些特定孔隙的空间分布图。如图 6.29 显示了使用 Kloubek 相关性（1981）分析得出的汞孔隙率曲线，可以看出，汞侵入在很大程度上是可逆的。

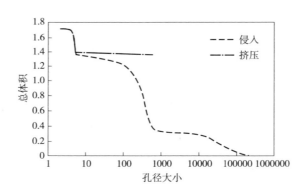

图 6.29　使用 Kloubek 公式和氧化铝参数分析的氧化铝泡沫样品的汞侵入和挤压

转载自 Nepryahin et al.，2016 年，经 Creative Commons Attribution4.0 International 许可。

通过比较吸附前后气体吸附的 Gurvitsch 体积，证实了捕集汞几乎完全局限于大孔隙率。从孔隙率计挤出后，样品通过 CXT 成像，如图 6.30 所示。图中亮白色图形区域表示充满汞的气泡孔。可以看到，图像包含许多椭圆形白色形状，然而在图像的更中心区域，其白色更均匀，这可能是因为存在过多的汞，X 射线束无法穿透样品的中心区域。

通过将 CXT 图像与泡沫的电子显微照片（图 6.31）进行比较，可以确定白色椭球区域的成分。电子显微照片中的一些大孔隙看起来是孤立的，但图像只能表现 3D 材料的 2D 部分，因此无法确定。然而，这些填充汞的孔在 CXT 上的照片上是连接在一起或从外界可以进入。

图 6.30　汞侵入后样品的计算机
X 射线断层扫描（CXT）图像
转载自 Nepryahin et al.，2016 年，经 Creative
Commons Attribution 4.0 International 许可。

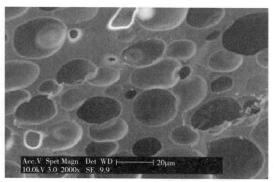

图 6.31　泡沫的 SEM 照片
转载自 Nepryahin et al.，2016 年，经 Creative
Commons Attribution 4.0 International 许可。

### 案例 2　汞侵入和截留机制的测定

对于孔隙大于 CXT 分辨率的样品，可以研究侵入汞的构象，例如，在 Zeng 等人 2019 年的研究中，水泥浆中截留汞滴的 CXT 图像显示，液滴表面的粗糙形态与水泥浆空隙的内表面相似，如果汞在侵入时被截留在它进入的大多数孔隙中，那么通过截留的汞可以追踪渗透路径。$\alpha-Al_2O_3$ 的孔隙网络几何结构由大的孔隙体组成，这些孔隙体包裹着汞，被狭窄的孔道隔开。

CXT 图像（图 6.32）表明，被截留的汞可以作为汞进入样品路径的跟踪剂。而 CXT 图像显示了"项链状"结构，这些结构是由侵入的孔隙链组成，留下了大量滞留的汞。从这些图像中可以清楚地看出，侵入在整个矩阵中并不普遍，如图 6.32 中小球的中心下部是空白的。

对图像（图 6.33）进行更详细的研究后发现，被截留在孔隙体内的汞的一些结构与具有类似孔隙几何形状的玻璃微模型中的结构一致（图 3.8）。这进一步证明了微孔玻璃模型很适合用来研究汞吸附。

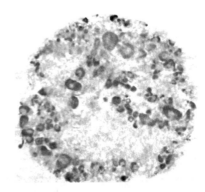

图 6.32 部分被汞侵入的 $\alpha$-Al$_2$O$_3$ 颗粒的重建灰度图像切片

转载自 Rigby et al.，2011 年，经 Elsevier 许可。

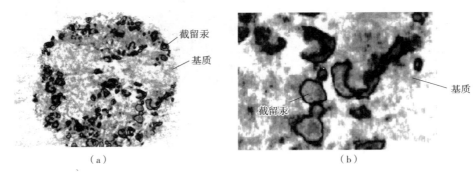

（a）　　　　　　　　　　　　　　（b）

图 6.33 　（a）部分侵入汞的 $\alpha$-Al$_2$O$_3$ 颗粒；

（b）单个孔隙体内截留汞

转载自 Rigby et al.，2011 年，经 Elsevier 许可。

### 案例 3　汞孔隙率测定法的优化

从以往的经验来看，压汞孔隙率测定法仅能测量孔颈（Diamond，2000），因此无法提供除这些孔颈外更宽孔隙体的信息。然而，这些墨水瓶孔隙也可能导致汞滞留在孔隙体内，并且只要将 LMPA（低熔点合金）侵入实验降低到合金熔点以下，就可以在任何阶段冻结 LMPA 侵入实验。这样就可以分析含有截留汞或冷冻 LMPA 的 CXT 图像，以确定含有该金属的孔隙的大小。金属侵入的粒度分布可以与汞侵入曲线得到的粒度分布进行比较，以确定孔颈的分布屏蔽了哪些大小的孔体。

如果将来自耦合金属侵入体和 CXT 以及 SEM 的实验数据与建模相结合，可以获得更复杂的金属侵入体去屏蔽后的信息（El-Nafaty et al.，2001；Ruffino et al.，2005）。可以在计算机上构建，再在模型上模拟成像过程，以创建图像数据形式的预测。例如，可以通过孔隙网络模型获取虚拟切片，以模拟 CXT 重建图像堆栈的平面或 SEM、FIB-SEM（聚焦离子束电子显微镜）的序列切片，再将这些模拟结果与实际成像的实验数据进行比较（图 6.34）。

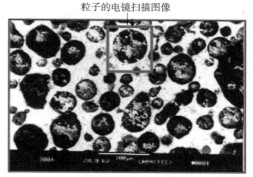

（a）放大图像（×300）

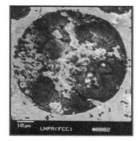

（b）图（a）中部分电镜扫描
图像（×1000倍）

（c）图（b）中近似映射的
二维网络孔隙结构的颗粒

图 6.34　不同放大倍数下经 LMPA 浸渍的 FCC 催化剂颗粒切片的 SEM 图像

转载自 El-Nafaty et al.，2001 年，经 Elsevier 许可。

但这种比较往往以统计为基础，如侵入孔隙度和侵入孔隙特征的尺寸分布。如果图像匹配，则该模型就很好地反映真实多孔材料。如果匹配较差，则可以通过改变模型的关键结构参数，并重复实验和成像的模拟，直到获得良好的匹配，从而获得良好的模型。这种通过去屏蔽方法来建模的优点是可能会在真实材料中包含孔隙结构特征的表示，这些特征在图像中不直接可见，因为它们低于成像分辨率限制。这些更加细节的辨率特征可能影响可见特征的形式，因此前者可能会通过成像间接探测。通过纳米孔网络的 FIB-SEM 切片与随机孔隙网络的模拟切片的比较表明，图像中的特征形态具有良好的一致性，包含 512 个节点和 1726 个圆柱形孔隙（图 6.35，Rigby et al.，2017a）。

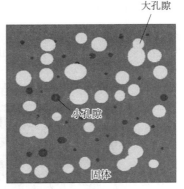

（a）随机圆柱形孔隙键合网络模型　　　（b）网络模拟的随机平面截面视图

图 6.35　网络模型

转载自 Rigby et al. , 2017 年，经 Elsevier 许可。

# 6.9　不同吸附剂对气体的连续吸附

## 6.9.1　背景介绍

当吸附等温线在某一特定点停止时，吸附剂保持在适当的位置，随后可以得到第二种吸附剂的等温线。这可能产生一系列或连续的交替吸附等温线。在大多数情况下，一种吸附物吸附停止是受动力学限制，特别是非常缓慢的解吸速率。

## 6.9.2　实验方法

壬烷与氮的依次吸附取决于壬烷，因其尺寸而从微孔中缓慢解吸的动力学限制。在氮气吸附实验之后，仍然充满氮气的样品被转移到干燥室中，悬浮在装有液态壬烷的烧杯上。然后将样品放置一周吸收壬烷蒸汽。在壬烷预吸附后，样品可以被转移回物理吸附装置，并选择合适的样品特异性预处理。如在 70℃ 下真空 12h，可以从 ZSM-5 基催化剂的中孔和较大的孔中去除壬烷（Chua et al. , 2012）。用壬烷填充样品后，可在试验温度下对其进行连续一段时间的热处理。在每个连续的时间段后，可以获得氮吸附等温线。热处理可以继续进行，直到填充壬烷的样品的氮气等温线的滞后回线区域与新鲜样品相匹配，然后适当调整吸附量（以恒定量），来表明仍保留在微孔中的壬烷。例如，图 6.36 显示了空沸石和同一样品在孔隙填充壬烷后获得的氮气等温线的叠加，然后在 70℃ 的真空条件下抽真空 12h。从图 6.36 可以看出，这种特定的预处理制度导致了磁滞回线的大量重叠。这一观察结果表明，壬烷已成功地从中孔中完全去除。因此，残留的壬烷仅位于微孔内，阻止氮气进入。

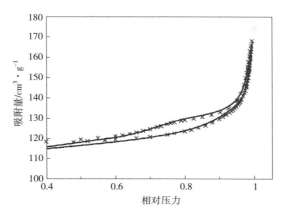

图 6.36　新制的沸石（实线）的氮吸附等温线（77K）以及同一样品在
壬烷预吸附并在 70℃ 下抽真空 12h 后，所有数据点的吸附量按 80.4cm³/g 的
恒定值向上调整（乘法）

转载自 Chua et al.，2012 年，经 Elsevier 许可。

因为可以将吸附相的水冻结在孔内，因此，可以进行氮—水—氮的连续吸附。这种类型的实验可以使用重力仪进行（Gopinathan et al.，2013）。首先，在 77K 的温度下对干燥样品进行常规氮吸附实验。再重新抽空样品后，可在室温下进行高达特定相对压力的水吸附。确保在完全平衡水吸附过程后，样品可在所需的最终相对压力下保持约 12h。在部分饱和结束时，样品室可覆盖一个绝缘套，并可在其下方放置一个半充液氮的液氮杜瓦瓶。容器中存在的大气水蒸气可以通过以 1000Pa/min 的速率放气来去除。这种低脱气率确保了大气中的水蒸气被去除，但冷凝液仍留在原地。随后，可以向杜瓦瓶的剩余一半注入液氮，以完全冻结样品，并使质量读数稳定。然后，通过将机器从蒸汽模式切换回气体模式，并进行实验，可以获得相同样品在用水部分饱和后的氮气吸附等温线。

## 6.9.3　相关测试

### 6.9.3.1　微孔体积与可及性

氮—壬烷—氮的依次吸附可用于测量微孔体积，网络的其余部分只能通过微孔进行测量。由于壬烷被截留在微孔中，壬烷预吸附后氮吸附量的变化可归因于无法进入微孔体积（以及完全被微孔包围的任何较大孔）。

### 6.9.3.2　小尺寸空化系统中孔颈尺寸分布

解吸过程中的空化效应严重限制了单个吸附质吸附所能提供的孔体尺寸分布的信息，事实上，当孔颈尺寸小于空化极限约 4nm 时，可以推断是否存在 4nm 以下的瓶颈阻塞。然而，如果水在一系列不同的相对压力下被预吸附，使其逐渐填满更大的孔颈，并在每个连续阶段测量氮的吸附量，那么即使在小于 4nm 的范围内，也可以推断由给定尺寸的孔颈保护的孔网络体积（Morishige et al.，2009）。在没有高级冷凝的情况下，可以从水等温线获得按尺寸加权的颈部体积分布。

**案例　高级吸附**

对于 77K 下的液氮和 298K 下的水，其摩尔密度、表面张力等的值为：在开尔文方程中，相对压力的对数和相互孔径之间的比例常数实际上是两种吸附质的统一。因此，对于所有吸附质表面完全湿润的平行管束（即酒架型）孔结构，氮和水应在几乎相同的相对压力下在任何给定的孔径内冷凝。因此，在特定极限压力下扫描吸附等温线时，两种吸附质应该填充同一组孔。这一理论可用于测试水和氮在同一系统中通过串联吸附相互之间的吸附行为。

例如，Gopinathan 等在 2013 年的研究表明，在 CoMo 型商业加氢用的新鲜和结焦的催化剂上，氮和水的连续吸附结果表明，发生高级吸附时，孔体大小与孔颈大小的最大比率取决于吸附质—吸附剂相互作用，正如 MFDFT 吸附模拟（Rigby et al.，2009b）所指出的，而不仅是 Cohan 方程中所建议的几何结构（1938 年）。研究发现，催化剂内的积炭会导致较大孔径减小，因此，在相同压力下，孔颈较小的孔吸水后将促进水在狭窄孔内的高级冷凝。然而，对于新鲜催化剂而言，相同的、未结焦的大孔隙体所需的水相对压力高于结焦样品冷凝的水相对压力，因此在较低的压力下不会填充水。在随后的氮气吸附实验中，由于这些样品中的水仅被吸附到填满结焦大孔隙而非未结焦前的样品孔隙，而较大的孔隙体基本为空，新鲜样品可以被氮气填充，在结焦样品中，一些较大的孔隙体完全不能吸附，因此，即使在高于水极限压力的情况下，氮吸附量也会下降。这意味着结焦样品中的上述孔体和孔颈必须各自独立填充氮气，而不是水，因此，后者更容易发生高级冷凝（对于较大比例的孔体—孔颈对）。这些发现表明，孔隙也能决定是否发生高级冷凝，而不仅是通过孔体与孔颈比的几何结构。

# 6.10　散射法和压汞孔隙率测定法

## 6.10.1　背景介绍

如第 6.4 所示，在测孔法之后，用独立的方法测量夹带在孔节点处的汞的大小，可以帮助理解汞脱出机理，从而解释原始数据。其他方法，如连续气体吸附法和热法孔隙度测量法，有其自身的不确定性和缺点，这一点在前面已经详细说明。含有吸附汞的样品的小角 X 射线散射（SAXS）提供了一种测量汞滞留孔节点大小的替代方法（Rigby et al.，2008a）。

## 6.10.2　实验方法

SAXS 用于研究汞气孔分析后的样品的优点包括所需的样品准备工作最少，实验时间非常快。这样，汞发生迁移的时间很短。汞和许多多孔材料（如二氧化硅或碳）之间的电子密度对比很大，这意味着散射是由汞的界面主导的。如果汞被夹在由重金属氧化物组成的多孔催化剂中，如 CoMo 催化剂，实验会变得更加困难。

## 6.10.3　相关测试

使用德拜曲线（见第 4.2.3 节）等方法分析 SAXS 数据，可以确定吸附汞的液滴大小，进而确定夹带汞的孔隙的大小。这可以用来验证气体吸附或热法测孔的一些独立变量，帮助理解多孔介质中的汞夹带或相变（如融化、冻结，Rigby et al.，2008）。

# 6.11　CXT、 MRI 和汞孔隙率测试法的结合

## 6.11.1　背景介绍

如第 3 章所述，汞孔径测量法是一种间接方法，需要模型来解释。正如第 5

章所强调的，许多类型的多孔材料在长度尺度上的纳米孔大小的空间分布具有宏观的异质性，而 MRI 能够使用弛豫时间对比技术来表征这些异质性。图 6.37 就是典型例子。

图 6.37　从 G2 批次的介孔溶胶—凝胶
硅球的球体中心垂直二维切片的
自旋—自旋弛豫时间图像

转载自 Rigby et al.，2006 年，经 Elsevier 许可。

然而，MRI 数据的用途不仅限于简单的异质性成像，因为它也可以直接用于构建汞孔测定法的解释模型。正如第 5 章所述，松弛时间模型可用于将核磁共振松弛时间转换为孔径大小。因此，图像中的每个体素区域，如图 6.37 所示（像素分辨率为 40μm，切片厚度为 250μm），代表一个孔隙大小。然后，图像晶格成为一个与图 3.9 所示的空隙空间模型类似的结构。分配给每个体素的孔隙尺寸代表了该区域中所有孔隙的尺寸，这样，每个体素就与图 3.9 中特定尺寸的孔隙斑块类似。可以在模型上模拟汞的侵入和脱出。然而，需要对这些过程的机制进行假设，如控制汞弯液面在孔隙大小非均质性边界的断裂。同时，这些假设需要验证。由于异质性引起了汞的夹带，如图 3.9 所示，那么这种情况可以用来验证该模型。由于 CXT 可以在与 MRI 相同的长度尺度上成像，那么互补的 CXT 可以用来绘制夹带的汞的宏观分布图，从而为验证孔径模拟器的假设提供数据。

## 6.11.2　实验方法

使用的样品必须适用于上述 3 种技术。因此，样品必须对高压具有机械稳定性，便于使用压汞法。样品也不能有高浓度的顺磁性物质，否则，核磁共振弛豫测量将不反映孔径的变化，而只是反映顺磁性物质浓度的变化。此外，汞的夹带量必须足够低，以便 X 射线能够完全穿透样品以获得图像。

## 6.11.3　相关测试

如上所述，这种方法可用于验证在孔径大小具有宏观空间异质性的材料中的汞脱附模型。例如，如 Matthews 等在 1995 年提出，可以在两个孔（即 MR 图像体素）之间的结合部分进行汞脱出的模拟，如果孔径大小的差异超过指定的卡断率，汞就会在两个不同孔径大小的区域之间的区域脱除。因此，模拟将提供对不同卡断率下夹带的汞的空间分布模式的预测，如图 6.38 所示（图中黑色表示汞）（颗粒直径为 3mm，像素分辨率为 40μm）。从图 6.38 可以看出，随着卡断率的增加，夹带的汞的空间分布变得更加结实。

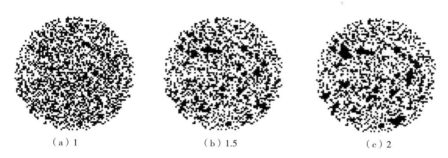

（a）1　　　　　　　　　　（b）1.5　　　　　　　　　　（c）2

图 6.38　G2 批次典型颗粒的切片的 MR 图像构建的模型，模拟汞孔测定的空间排列情况

转载自 Rigby 等人 et al.，2006 年，经 Elsevier 许可。

预测夹带汞空间分布可与 CXT 观察到的进行比较。如图 6.39 所示，汞法测孔之后的二氧化硅球体的 CXT 图像显示，夹带的汞在空间上分布为不规则的团块。在汞侵入到 414MPa 并缩回到环境中之后。颗粒图像的一部分已经被计算机切除，以显示样品的内部。切除平面上的黑色区域对应于含有夹带汞的区域。赤道上的整体颗粒直径约为 3mm。使用二维相关函数可以确定模拟和真实图像的团块的特征尺寸。图 6.39（b）为主要基质（二氧化硅）已被计算机软件识别为

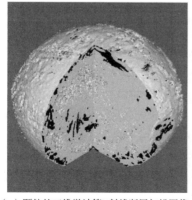 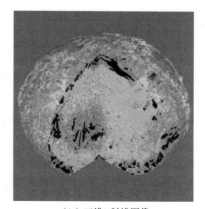

（a）颗粒的三维微计算X射线断层扫描图像　　　　　　　（b）三维X射线图像

图 6.39　三维 X 射线扫描图

转载自 Rigby et al.，2006 年，经 Elsevier 许可。

50%的透明材料，使颗粒结构中更深的汞夹带特征变得清晰可见。结果发现，实验图像和用较高的卡断率模拟的图像的相关长度相似。因此，用较高的卡断率模拟得出的夹带汞的空间排列与实验观察到的情况更相符。对于真正的汞脱除机制来说，卡断率相对较高。因此，混合技术提高了对孔径空间排列的宏观异质性系统中的汞回流。这种经过验证的机制可以被纳入汞气孔测量模拟器，用于无法获得定量 MR 图像的样品（如由于准磁学）。因此，测孔法和 CXT 可以用来推断孔径大小的异质性的空间分布，MRI 会提供这些异质性。

# 6.12　结论

　　单个表征技术的特异性缺点往往可以通过将它们与其他互补技术相结合来克服。一些技术的串行组合具有协同作用，因此，即使这些技术是单独使用的，它们综合得出的结论也比仅使用一种技术时更符合实际。组合方法可以综合单一方法的表征数据和描述，从而获得更好的表征质量。综合表征技术允许对位于更大的无序网络中的一小部分孔隙内发生的吸附过程进行选择性研究，从而得到更加精确的解释，也可据此对吸附理论进行更直接的测试，就像有序结构一样。所建模型适用于单一孔径。综合方法也用于无序材料中孔隙—孔隙合作过程的表征，从而大大提高了所获得描述的准确性和应用范围。

# 参考文献

［1］Androutsopoulos GP，Mann R（1979）Evaluation of mercury porosimeter experiments using a network pore structure model. Chem Eng Sci 34（10）：1203-1212

［2］Bär NK，Balcom BJ，Ruthven DM（2002）Direct measurement of transient concentration profiles in adsorbent particles and chromatographic columns by MRI. Ind Eng Chem Res 41（9）：2320-2329

［3］Beyea SD，Caprihan A，Glass SJ，DiGiovanni AJ（2003）Nondestructive characterization of nanopore microstructure：spatially resolved Brunauer-Emmett-Teller isotherms using nuclear magnetic resonance imaging. J Appl Phys 94（2）：935-941

［4］Bonnaud PA，Coasne B，Pellenq R（2010）Molecular simulation of water confined in nanoporous silica. J Phys：Condens Matter 22：284110

［5］ Broekhoff JCP，De Boer JH（1967）Studies on pore systems in catalysis X：calculations of pore distributions from the adsorption branch of nitrogen sorption isotherms in the case of open cylindrical pores. J Catal 9：15-27

［6］ Broekhoff JCP，De Boer JH（1968）Studies on pore systems in catalysts：XII. Pore distributions from the desorption branch of a nitrogen sorption isotherm in the case of cylindrical pores A. An analysis of the capillary evaporation process. J Catal 10（4）：368-376

［7］ Cheng Y，Huang QL，Eic M，Balcom BJ（2005）CO2 dynamic adsorption/desorption on zeo-lite 5A studied by 13C magnetic resonance imaging. Langmuir 21（10）：4376-4381

［8］ Chua LM，Hitchcock I，Fletcher RS，Holt EM，Lowe J，Rigby SP（2012）Understanding the spatial distribution of coke deposition within bimodal micro-/mesoporous catalysts using a no-vel sorption method in combination with pulsed-gradient spin-echo NMR. J Catal 286：260-265

［9］ Cody GD，Davis A（1991）Direct imaging of coal pore space accessible to liquid metal. Energy Fuels 5（6）：776-781

［10］ Cohan LH（1938）Sorption hysteresis and the vapor pressure of concave surfaces. J Am Chem Soc 60：433-435

［11］ Diamond S（2000）Mercury porosimetry—an inappropriate method for the measurement of pore size distributions in cement-based materials. Cem Concr Res 30（10）：1517-1525

［12］ El-Nafaty UA，Mann R（2001）Coke burnoff in a typical FCC particle analyzed by an SEM mapped 2-D network pore structure. Chem Eng Sci 56（3）：865-872

［13］ Gopinathan N，Greaves M，Wood J，Rigby SP（2013）Investigation of the problems with u-sing gas adsorption to probe catalyst pore structure evolution during coking. J Colloid Interface Sci 393：234-240

［14］ Gregg SJ，Sing KSW（1982）Adsorption，surface area and porosity. Academic Press，London

［15］ Hellmuth KH，Siitari-Kauppi M，Klobes P，Meyer K，Goebbels J（1999）Imaging and ana-lyzing rock porosity by autoradiography and Hg-porosimetry/X-ray computertomography-applica-tions. Phys Chem Earth A 24（7）：569-573

［16］ Hitchcock I，Chudek JA，Holt EM，Lowe JP，Rigby SP（2010）NMR studies of cooperative effects in adsorption. Langmuir 26（23）：18061-18070

［17］ Hitchcock I，Lunel M，Bakalis S，Fletcher RS，Holt EM，Rigby（2014a）Improving sensi-tivity and accuracy of pore structural characterisation using scanning curves in integrated gas sorption and mercury porosimetry experiments. J Colloid Interface Sci 417：88-99

［18］ Hitchcock I，Malik S，Holt EM et al（2014b）Impact of chemical heterogeneity on the accu-racy of pore size distributions in disordered solids. J Phys Chem C 118（35）：20627-20638

［19］ Joss L，Pini R（2018）3D mapping of gas physisorption for the spatial characterisation of nanoporous materials. Chem Phys Chem 20（4）：524-528

［20］Kaufmann J（2010）Pore space analysis of cement-based materials by combined Nitrogen sorp-tion—Wood's metal impregnation and multi-cycle mercury intrusion. Cement Concr Compos 32（7）：514-522

［21］Kloubek J（1981）Hysteresis in porosimetry. Powder Technol 29：63-73

［22］Malik S, Smith L, Sharman J, Holt EM, Rigby SP（2016）Pore structural characterization of fuel cell layers using integrated mercury porosimetry and computerized X-ray tomography. Ind Eng Chem Res 55（41）：10850-10859

［23］Matthews GP, Ridgway CJ, Spearing MC（1995）Void space modeling of mercury intrusion hysteresis in sandstone, paper coating and other porous media. J Colloid and Interface Sci 171：8-27

［24］Morishige K, Kanzaki Y（2009）Porous structure of ordered silica with cagelike pores examined by successive adsorption of water and nitrogen. J Phys Chem C 113（33）：14927-14934

［25］Naumov S, Valiullin R, Galvosas P, Kärger J, Monson PA（2007）Diffusion hysteresis in mesoporous materials. Eur Phys J Special Topics 141：107-112

［26］Neimark AV, Ravikovitch PI（2001）Capillary condensation in MMS and pore structure character-ization. Micropor Mesopor Mater 44：697-707

［27］Nepryahin A, Fletcher R, Holt EM, Rigby SP（2016a）Structure-transport relationships in disordered solids using integrated rate of gas sorption and mercury porosimetry. Chem Eng Sci 152：663-673

［28］Nepryahin A, Robin SF, Elizabeth MH, Sean PR（2016b）Techniques for direct experimental evaluation of structure-transport relationships in disordered porous solids. Adsorption 22（7）：993-1000

［29］Pavlovskaya GE, Six JS, Meersman T, Gopinathan N, Rigby SP（2015）NMR imaging of low pressure, gas-phase transport in packed beds using hyperpolarized xenon-129. AIChE J 61（11）：4013-4016

［30］Rigby SP（2018）Recent developments in the structural characterisation of disordered, mesoporous solids. JMTR 62（3）：296-312

［31］Rigby SP, Chigada PI（2009a）MF-DFT and experimental investigations of the origins of hysteresis in mercury porosimetry of silica materials. Langmuir 26：241

［32］Rigby SP, Chigada PI（2009b）Interpretation of integrated gas sorption and mercury porosimetry studies of adsorption in disordered networks using mean-field DFT. Adsorption 15（1）：31-41

［33］Rigby SP, Fletcher RS（2004）Experimental evidence for pore blocking as the mechanism for nitrogen sorption hysteresis in a mesoporous material. J Phys Chem B 108（15）：4690-4695

［34］Rigby SP, Fletcher RS, Riley SN（2004a）Characterisation of porous solids using integrated nitrogen sorption and mercury porosimetry. Chem Eng Sci 59（1）：41-51

［35］Rigby SP，Watt-Smith MJ，Fletcher RS（2004b）Simultaneous determination of the pore-length distribution and pore connectivity for porous catalyst supports using integrated nitrogen sorption and mercury porosimetry. J Catal 227：68

［36］Rigby SP，Watt-Smith MJ，Fletcher RS（2005）Integrating gas sorption with mercury porosimetry. Adsorption 11：201-220

［37］Rigby SP，Evbuomvan IO，Watt-Smith MJ，Edler KJ，Fletcher RS（2006a）Using nano-cast model porous media and integrated gas sorption to improve fundamental understanding and data interpretation in mercury porosimetry. Part Part Sys Charac 23（1）：82-93

［38］Rigby SP，Watt-Smith MJ，Fletcher RS（2006b）Integrating gas sorption with mercury porosimetry. Adsorption 11（1）：201-206

［39］Rigby SP，Watt-Smith MJ，Chigada P，Chudek JA，Fletcher RS，Wood J，Bakalis S，Miri T（2006c）Studies of the entrapment of non-wetting fluid within nanoporous media using a synergistic combination of MRI and micro-computed X-ray tomography. Chem Eng Sci 61（23）：7579-7592

［40］Rigby SP，Chigada PI，Evbuomvan IO et al（2008a）Experimental and modelling studies of the kinetics of mercury retraction from highly confined geometries during porosimetry in the transport and the quasi-equilibrium regimes. Chem Eng Sci 63（24）：5771-5788

［41］Rigby SP，Chigada PI，Perkins EL，Watt-Smith MJ，Lowe JP，Edler KJ（2008b）Fundamental studies of gas sorption within mesopores situated amidst an inter-connected，irregular network. Adsorption 14（2-3）：289-307

［42］Rigby SP，Chigada PI，Wang J，Wilkinson SK，Bateman H，Al-Duri B，Wood J，Bakalis S，Miri T（2011）Improving the interpretation of mercury porosimetry data using computerised X-ray tomography and mean-field DFT. Chem Eng Sci 66（11）：2328-2339

［43］Rigby SP，Hasan M，Hitchcock I，Fletcher RS（2017a）Detection of the delayed condensation effect and determination of its impact on the accuracy of gas adsorption pore size distributions. Colloids Surf A 517：33-44

［44］Rigby SP，Hasan M，Stevens L，Williams HEL，Fletcher RS（2017b）Determination of pore network accessibility in hierarchical porous solids. Ind Eng Chem Res 56（50）：14822-14831

［45］Ruffino L，Mann R，Oldman R，Stitt EH，Boller E，Cloetens P，DiMichiel M，Merino J（2005）Using x-ray microtomography for characterisation of catalyst particle pore structure. Can J Chem Eng 83（1）：132-139

［46］Seaton NA（1991）Determination of the connectivity of porous solids from nitrogen sorption measurements. Chem Eng Sci 46（8）：1895-1909

［47］Shiko E，Edler KJ，Lowe JP，Rigby SP（2012）Probing the impact of advanced melting and advanced adsorption phenomena on the accuracy of pore size distributions from cryoporometry and adsorption using NMR relaxometry and diffusometry. J Colloid Interface Sci 385：183-192

[48] Zeng Q, Wang X, Yang P, Wang J, Zhou C (2019) Tracing mercury entrapment in porous cement paste after mercury intrusion test by X－ray computed tomography and implications for pore structure characterization. Mater Charac 151：203－215

# 第7章

# 吸附剂和催化剂设计中的结构表征

## 7.1　特殊用途的工业材料

由于多孔吸附剂和催化剂常用于大幅度提高粒子的活性表面积，而不是简单地增大其几何表面积，因此，在吸附剂和催化剂设计中孔隙结构的表征很重要。减小颗粒尺寸会使通过颗粒填充床层时的压降增加，因此一般不采取只减小颗粒尺寸的方式。虽然孔隙越小，面积体积比越大，但往往会导致（如努森扩散）传质速率降低，这就要求在绝对活性表面积和可利用的活性表面积之间达到相对平衡。除了孔隙大小外，还有一些其他的孔隙特征也会对传质有影响，如平均孔隙率、孔隙连通性以及孔隙大小空间分布的非均质性和关联性。因此，对多孔材料进行精确的孔隙结构表征至关重要。

工业材料的孔隙结构表征的用途很多，如研发新产品、监控产品质量、回复客户咨询、优化产品性能等。

每一项用途都会对使用方法产生不同的限制。在新产品的研发及其后续的性能优化中，为了充分了解孔内发生的物理化学过程，往往要求详细的表征研究。相反，在产品生产中，表征的方法用于质量监控时要适用于高产量。

本章将就孔结构表征方法在吸附剂和催化剂的智能设计中的作用提供一系列研究实例。

## 7.2　孔结构与原料性质及制备方法的关系

催化剂和吸附剂以多种形态存在，有粉末态、颗粒态、微孔膜、薄膜态和整体涂层。其原材料通常是粉末或晶体，以及金属盐溶液。理想情况下，可以根据原材料的关键特性来选择，并能通过控制制备工艺的条件参数得到可以预测的孔结构。在产品成型过程中发生的物理—化学过程通常是高度复杂的，有时让人很难理解。然而，人们也一直在试图通过表征数据来模拟成型工艺的限制因素，尝试各种办法建立固体多孔材料的模型。

由粉末粒子团聚得到的多孔固体材料，其最简单的模型是球形堆积模型。最理想的例子是均一尺寸球形粒子的规则堆积，如六边形紧密堆积（hcp），其中缝隙大小和空隙区域的连接程度符合欧几里得几何学。这一情况仅能在颗粒之间有有效滑动并在颗粒固结过程中不发生颗粒变形的条件下实现。无论如何，Avery和Ramsay（1973）实验发现，某些二氧化硅和氧化锆粉末增大压力时会使粉末堆积得更致密，且配位数增加，孔隙率和表面积与预期的相应规则堆积的计算结果非常接近。

在工业规模下，许多原材料粉末面临难处理的问题，如流动性差。改善这种情况的一种方法是使用干法造粒，或用辊压实的方法产生固结带，再碾碎成颗粒，筛分出特定大小范围的颗粒，然后，用作最终压实的进料。然而，辊压机的设计范围很广，操作参数的选择也很广泛，因此很难预测压坯的性能。最终的压实工艺也有一系列操作参数需要选择，如模具的类型、润滑油的使用、压实方向（单向或双向）、压实压力。最终孔隙结构的某些方面的问题可能是由压实工艺本身造成的。模具内壁的摩擦会引起密度变化和分层。

CXT成像显示，由于压实应力作用于接触点，片状压坯内的进料颗粒发生了断裂和开裂，从而产生了大孔隙，如图7.1所示。柱体经跳磨、颗粒大小分类后辊压进料得到，构成柱体的体素强度越低对应的密度越高，从图7.1中可以看出，单个进料颗粒的形状是不规则的，这主要是由于颗粒间平均密度的变化，以及在进料颗粒周围存在低密度区域。平均密度变化的原因是，在滚压进料制备过程中，来自带状铣削的尺寸过小或过大的颗粒通常被回收后重新作为滚压进料进入辊压机中，这一情况在材料的某些部分可能会重复发生几次，导致进料颗粒的密度发生变化。一些颗粒可能不会有效的堆积在一起，从而在颗粒间留下空穴，或在应力较强的地方，可能会在与其他粒子接触的点上破裂，导致粒子之间产生裂缝。

粉末进料的造粒也可以用除压片、压实之外的其他方法，但这本身会使其产生特有的空隙空间特征。湿法造粒是将粉料和水混合在一起，并在某种混合器或平底釜中搅拌。有些情况下，原料不仅包括粉末，还包括已经部分固化的"种子"，它们将与粉末一起形成新颗粒的核心。当这些部分固化的种子在搅拌器中

图 7.1　柱体中间平面的 CXT 横截面图

搅拌滚动时，由于液体的黏合作用，会黏附粉末颗粒，从而在其表面积累新的粉末层。这些新的粉末层通常被空隙或低密度区域隔开，用 MRI 进行可视化，从明暗体素的交替带可以明显看出分层，如图 7.2 所示。

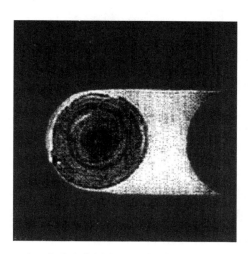

图 7.2　乙醇—水溶液中浸泡后的球形氧化铝颗粒二维切片图

转载自 Timonen et al.，1995 年，经 Elsevier 授权。

颗粒也可以通过进料微粒和液体（通常是水）混合成的膏状物挤压而成。然而，这种挤压法会产生分层，可能是由于在挤压的颗粒内部产生的薄弱平面造成的，而薄弱平面可能是由于进料材料的优先定向，或进料间的不完全结合产生。MRI 法可以观察到分层产生的空穴，如图 7.3 所示（Mantle et al. 2004）。浅色区域代表有水，深色区域代表空穴/片层。$^1$H 图像的深色区域表示的片层在 $ZX$ 和 $XY$ 平面内看起来有继续发展的趋势。

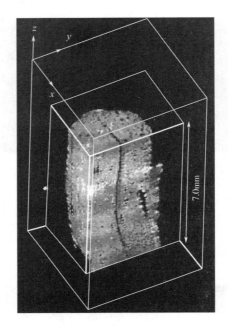

图 7.3　膏状挤出物三维 $^1$H 数据的剖面图

转载自 Mantle et al.，2004 年，经 Elsevier 许可。

　　对于单釜合成法，空穴的形成过程伴随了整个制备过程，甚至在空穴仍然充满液体的阶段。对于溶胶—凝胶法合成的材料，其孔隙结构的形成包括了从最初的凝胶、溶胶沉淀，到后续的 MRI 中的干燥步骤，该步骤利用孔隙中的水作为探针液体，如 MRI、弛豫测控法（Smith et al.，1992），和冷冻测孔法（Shiko et al.，2012）。一旦成型，粉末颗粒通常在高温下干燥以提高颗粒强度。颗粒的干燥过程也可通过 NMR 方法观察（Hollewand et al.，1994）。由于有裂缝，干燥很容易对薄层导致的空穴产生影响。例如，用于质子交换膜阳极的铂碳催化剂，像油墨一样通过丝网印刷法或喷墨打印发薄薄的涂在聚合物膜上，再干燥，其厚度仅有 50μm（Malik et al.，2016）。干燥过程很容易导致裂缝的产生，就像池塘干涸后底部淤泥产生裂缝一样，压汞法测定孔隙度时可以清晰地在裂缝中发现汞［如图 7.4（a）中镰刀型的白色区域］。明亮的白色区域对应高 X 射线吸收的高密度，较暗的区域对应的是低密度的低 X 射线吸收区域；油墨的印刷过程也会在空隙结构中留下痕迹。结合压汞法和 CXT 的研究结果表明，网格的规律性，印刷丝网的形成，可以在外部可达的空隙中留下宏观周期性的痕迹，如图 7.4 中截留汞的"圆点"图案所示。

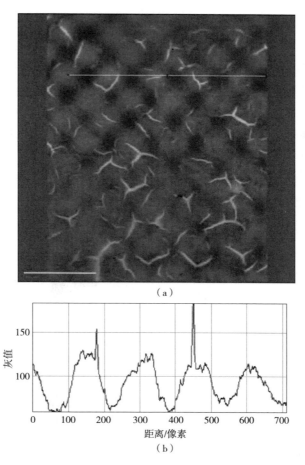

（a）

（b）

图 7.4　（a）CXT 重建的压汞法测量后燃料电池层截面切片的剖面图
（b）切片的图像上方有一条水平线，对应压汞法测量后得到强度分布曲线轨迹
转载自 Malik et al.，2016 年，经 American Chemical society 许可。

在球形粒料的煅烧过程中，复杂的烧结过程会使粉末颗粒的成分熔合，从而影响粉体的一些性能（如表面积），但很难预测。催化剂制备的不同阶段都可能会影响空隙结构，甚至会产生协同效应，即后面的制备过程会将早期引入的较小效应放大。

# 7.3　传质与孔结构的关系

　　将传质过程与孔隙结构关联起来的常用方法包括从表征数据中获取尽可能精确的孔隙结构模型，然后用模型模拟物质输运过程（Rieckmann et al.，1999）。模型的构建趋势是描述得越来越详尽，因为它试图尽可能地将代表孔隙空间的各个因素都包含进来，包括孔隙率、孔隙尺寸分布、孔隙连通性、孔隙大小的空间相关性等。然而，这是在假设多孔材料具有足够大的体积代表的前提下，才能用模型表示。当非均质性质的特征尺度可以是宏观球粒本身的大小时，就会出现问题，如图 7.5 所示。在图 7.5 中，三维 MRI 的结果显示孔隙率的宏观空间尺度分布不均，其数量级从微米到毫米，而 FIB/SEM 图像显示纳米网络结构也是不均匀分布的。MR 图中，白色体素对应高孔隙度，黑色体素对应高孔隙度。用聚焦离子束在球体表面钻出一个沟槽，用扫描电镜观察该沟槽后壁显示在二氧化硅基质（灰色部分）中存在纳米孔（黑色）。

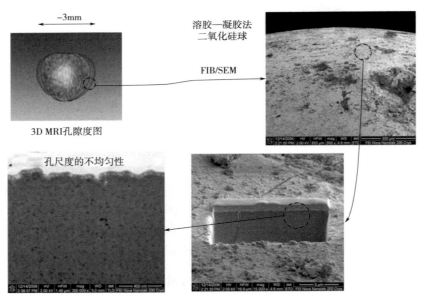

图 7.5　催化剂颗粒多尺度结构的不均匀性示意图

　　在催化剂中，在长度尺度范围高度无序的空隙内，表征孔隙结构的一个或多个的特征因素可能比其余的任何因素在决定传质速率方面都重要。这些关键因素可以由整个孔隙的综合传质模型的模拟中推导出来，当然，前提是假设可以构建出这样的综合模型。然而，如果如图 7.5 所示的典型介孔材料的 SEM 图像中可观察到的孔隙数量在整个样品中体积相似，那么，最终孔隙数量将是一个天文数字（可能达到 $10^{14}$）。即使最先进的超级计算机都不能成功模拟出整个球体复杂的传质模型。而且，MR 图像表明宏观上有明显的不均一性，这也表明体积较小的颗粒模型不能代表整体。

　　另外，还有一种对所有空隙进行建模的方法，就是通过专门的实验方法尽量筛选出影响传质的关键孔隙特征。科学模型是对现实世界的简化，它仅包括系统中那些对物理过程有实质性影响的因素。在第 6 章中介绍的一些关于杂化法的技术可以用来选出孔隙的关键因素来建模。对于孔隙中传质，这种为了找到模型的关键因素采取的类似过滤的方法，可以与国家道路系统的交通流量情况进行类比。在英国道路分不同等级，六车道高速公路、双车道公路、A 级道路、B 级道路和乡村小道，代表了不同大小的孔隙，而在苏格兰高地等地区没有高速公路，与伦敦周围巨大的汇聚高速公路网络形成对照，可类比于大孔径孔隙在空间分布上的非均一性。英国道路网的交通流量就类似于催化剂孔隙网内通过的分子流量。在英国，特定道路对交通流量的重要性可以从某级别的道路或某区域内的道路因路政施工关闭时看出，车辆会被迫寻找其他的替代路线。如果某条道路因进行路政施工而封闭，交通会受到严重影响，这条道路的重要性就会显现出来。就像在多孔固体材料中一样，证明孔隙网络的某一特征的重要性可以通过各种手段选择性地阻塞孔隙区域、类型和大小的子域来进行。

　　在复杂的孔隙空间中，通过捕集汞可以从连通的孔隙网络中排除最大的孔（Nepryahin et al.，2016）。压汞扫描曲线表明只有孔径大于极限压汞压力所对应的孔径的孔隙才会被渗透。也就是说只有超过某个尺寸的瓶颈汞才会进入孔隙。对很多样品来说，孔隙捕集汞的量可达汞的总侵入量的 90%~100%，因此大多数孔隙被排除了。在很多情况下，孔隙的特定子域，即压汞法中排除在外的区域，可以用一体化气体吸附法测量（图 7.6）。随着捕集的汞量增加，扫描曲线上的最终压力逐渐升高，从外部逐渐无法进入的孔隙子域的气体吸附孔径分布扫描曲线。压汞压力为 75.7MPa、103MPa 和 227MPa 时，分别对应的最细尺寸分别为 8nm、6nm 和 3nm。压汞压力为 75.7MPa、103MPa、227MPa 时，分别对应汞的捕集量增加 6.8%、18.5%、53.5%。这类孔的所有气体可进入的空间可通过 CXT 法描绘出来，如图 7.7 所示（Watt Smith et al.，2006）。

　　图 7.7 所示的商业化甲醇合成球形颗粒是通过将进料预压缩成片剂后制成的

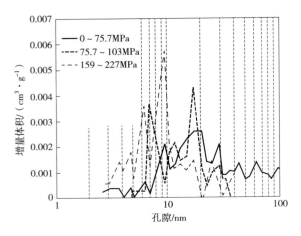

图 7.6　孔隙分布曲线

转载自 Nepryahin et al., 2016 年，经 Creative Commons CC-BY 许可。

（Nepryahin et al., 2016）。进料预压缩后经过粉碎和筛分得到符合规定尺寸范围的微粒，过大和过小的微粒重新回收到预压缩的步骤继续循环。一些原料在压片步骤因已经经过了几次预压缩，密度有了变化。图 7.7（b）中出现的大块暗斑表明，在压力为 103 MPa（对应的孔径为 6nm）的情况下，球形颗粒的一些区域仍未有汞侵入（有汞侵入的区域呈亮白色）。块状暗斑呈不规则的尖角形状，容易让人联想到预压实的进料颗粒，因此这一发现表明，大部分进料颗粒由于粒径小于 6nm 而被屏蔽了。根据前面类比，相当于一个国家的某些地区只有最小类型的道路，如 B 级路和乡村小道。图 7.7（b）中亮白色线条所示的裂缝表明其已被汞完全填满。这相当于关闭了全英国的主干道。浅灰色区域是孔径大于 6nm 毛细孔被汞充满，相当于损失了英国的 A 级公路。图 7.7 中所示的亮白色和浅灰色区域关闭后对传质的影响，可以通过充满汞前后的氮吸附速率实验来测量。图 7.7（b）中由于汞充填引起的孔隙损失其对应的质量吸收率仅为不充填汞时的 52%。这一数据表明了孔隙空间的损失对总传质速率的影响程度。

　　另一种逐步检查不同孔隙子域对传质重要性的替代实验是使用核磁共振低温扩散法（Perkins et al., 2008）。样品吸满探针中的液体，如水或环己烷，再完全冻结。然后开始核磁共振冻融曲线实验，但一旦系统在每个温度步骤达到平衡，也可以测量液体的自扩散速率。从样品中最小的气孔开始，随着温度的升高，每一步都有更大的气孔熔化，测量到的扩散系数将逐渐体现它们对传质的贡献。因此，如果某一特定的孔隙子域对传质特别重要，那么，一旦它们熔化，液体的自扩散率可能

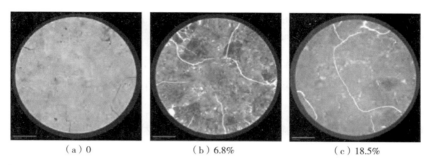

（a）0　　　　　　　　（b）6.8%　　　　　　　（c）18.5%

图 7.7　用于甲醇合成的直径 5mm 柱状、典型商业化催化剂的中间平面界面 CXT 图
转载自 Nepryahin et al.，2016 年，经 Creative Commons CC-BY 许可。

会急剧增加。由于固相的弛豫时间过短而在成像中不可见（Balcom et al.，2003），MRI 也可以从空间上分辨冻融实验的熔化曲线（Balcom et al.，2003）。

　　另一种能测量特定孔隙子域对传质的重要性的方法是把氮和水的连续吸附与水填充孔隙子域前后对氮的吸附速率相结合。在其他条件相同的情况下，随着水蒸气的增加，凝结水首先会从最小的孔隙开始填充样品。因此，在氮吸收实验之间，可以通过逐步增加水的饱和度，并在原地冻结来测试填充更大孔隙对传质的影响。如果一个特别重要的孔隙子域在一个特定的蒸汽压力下充满了水，那么随后的氮吸收速率应该会明显下降。利用 MRI 可以绘制吸附水的空间分布（Hitchcock et al.，2010）。

　　一旦通过上述一种或多种方法确定了对传质影响最大的关键孔隙尺寸范围或空隙区域，就可以从制造过程中找到这些特征因素的来源。例如，图 7.7 所示的球形颗粒辊压饲料的密度变化是由于回收了过大和过小的磨碎的碎片。这提供了一种可能，可以决定这些特征因素对产品性能的影响，以判别制造过程中的变化。

# 7.4　产品活性和选择性

　　对于给定的催化剂颗粒，观察到的总吸附量或催化剂反应速率，称为其活性，单位为摩尔每单位时间。在不同分子之间存在竞争吸附或竞争化学反应的情况下，由于传质限制造成的不同分子的浓度差异可能会导致催化剂对某一分子或某个反应有特定选择性而不对其他的分子或反应有选择性。由于传质的限制，为了提高扩散通量，需要在球粒之间形成高的浓度梯度，而这些浓度梯度的大小可能因个体分子扩散系数的不同而在不同分子之间变化。对于催化剂来说，实际的表现出来的球粒活性，与整个球粒都在外围浓度下应表现出来的活性的比值称为有效因子。如果在催化剂球粒中一种分子的浓度比另一种分子的浓度高，以及在特定浓度下表现出一定的反应速率，这些因素都会导致该化学反应比其他类型的化学反应更容易发生。

如果一个反应受扩散控制，且反应速率受传质速率控制，提高催化剂活性和催化剂颗粒有效性的一个解决方案是通过减小颗粒尺寸来减少其他扩散路径。然而减小填充柱中催化剂的颗粒粒径会导致沿催化剂填充柱方向压力下降，从而造成更多的能量损失。此外，降低催化剂的球粒密度可以提高孔隙率从而提高球粒的扩散速率。然而，低密度球粒的机械强度往往较弱，抗拉或抗压强度较低，导致其脆性高、易破碎，并因此产生小碎片和粉末，增加催化剂柱体压降。因此，需要在颗粒有效性、颗粒大小和强度之间选取最佳平衡。

由于各种原因，许多催化剂体系在使用过程中都有孔隙结构。例如，在高温下运行意味着由分散在多孔载体内部表面的金属纳米晶组成的催化剂可以烧结。由于催化表面往往是高能量的，热力学驱动力会使面积减少。这是通过金属晶体融合形成更大的粒子来实现的。这些较大的颗粒可以改变孔隙几何形状，降低孔隙尺寸。另外，一些类型的副反应，如上面提到的，会导致孔隙内液体或固体的沉积，如焦炭或金属硫化物，可以填充和堵塞所述孔隙。

纳米浇铸法（Rigby et al.，2004）是用各种纳米模板来控制多孔材料制造中的空隙空间的几何形状，纳米浇铸技术的发展使得制造最优化的孔隙空间成为可能，当然只要能够通过计算机过程模拟设计出最佳的空隙空间几何形状，就能制造出来（Prachayawarakorn et al.，2007；Wang et al.，2008）。精细合成方法的发展使得制造比以前复杂的多的纳米多孔结构成为可能，例如 Menger 海绵（Mayama et al.，2006）。然而，有序的、孔隙率可控的多孔材料普遍存在的共同缺点是其往往不稳定，因此，在典型的工业过程的使用的条件下（如有高温和有水存在时）会降解。所以目前广泛使用的仍然是坚固但无序的材料。此外，如上所述，设计器的有序结构可以通过催化剂烧结或焦化工艺进行改性。因此，如果在使用过程中只对催化剂改性但实际效果可能并不太理想，使催化剂在初期具备理想的孔隙结构参数并没有多少优势。

一些研究采用了所谓的"现实主义"方法来建立孔隙结构模型，这一方法试图用模型对空隙空间本身进行明确的描述。然而，许多方法是纯粹基于"现象学"建立模型，即将多孔介质视为宏观的连续体，无须对孔隙空间结构的实际微观细节进行完整详尽的描述，仅用一个集中的经验参数（如曲率因子）来表征它们的影响。这种方法显然不能帮助我们深入理解在孔隙尺度上发生的物理过程（如焦化）。既然现象学方法不能描述出孔隙的结构特征，在这里不做进一步讨论。

前面第 3 章中曾经提到，在一定范围内，多孔固体材料的结构模型通常可以分为以下 3 类，即孔隙键合网络、孔体和细颈网络、颗粒堆积模型。

上述每一类模型都有相应的一组描述空隙空间的特征参数，见表 7.1。

**表 7.1　不同结构模型的特征参数**

| 模型类型 | 模型参数 |
| --- | --- |
| 孔隙键合网络模型 | 网格尺度<br>孔隙率<br>孔形状<br>孔隙键合尺度分布<br>连通性<br>孔隙大小的空间相关性 |
| 孔体和细颈网络 | 网格尺度<br>孔隙率<br>孔形状<br>孔细颈大小分布<br>孔体大小分布<br>连通性 |
| 颗粒堆积模型 | 孔隙率和堆积效率<br>孔隙大小分布<br>粒子协调数量 |

如果表征孔隙空间的特征参数是通过间接方法获得的，比如压汞法，通常会使用解释模型。这就提出了这样一个问题，即获得的孔隙空间特征参数是否与其测试方法是独立的。这些特征参数介于"现象学"和"现实主义"之间，由多少种不同的矛盾因素决定了接近"现实主义"的程度，有各种不同类型的实验特征数据，模型可以成功描述过程。例如，在第 6 章中关于混合方法部分的报道中，Ruffino 等人（2005）使用孔隙键合网络模型模拟了含有冻结 LMPA 的样品的连续切片，以模仿 SEM 或 CXT 图像，正如孔隙实验中用金属侵入曲线生成样本一样。Androutsopoulos 和 Salmas（2000）利用基于气体吸附数据的波纹状圆柱形孔隙模型预测汞侵入曲线（Salmas et al.，2001）也取得了一定成功。Tsakiroglou 等人（2004）同时根据卷积氮吸附和压汞法孔隙测量的数据，得到了一组通用的孔隙空间参数。他们用到的孔隙空间模型是一个由形状可能不同的孔体和孔颈组成的随机网络，每个孔体和孔颈都有各自的大小分布，描述孔体和孔颈大小之间相关程度的相关函数，以及一个可变的平均网络配位数。一旦构建了模型，就有几种不同的数学方法可以用来模拟伴随的传质、反应或吸附过程，但这些内容不在本书的讨论范围内。

实际上，很少有研究能用现有的孔隙结构模型实现对催化剂的活性和选择性提前预测，然后将实际的实验数据与预测结果进行比较来验证模型就形成了一个闭环循环。Rieckmann 和 Keil（1999）利用氮吸附和压汞法得到了钯催化剂的双分散、介孔、大孔硅铝载体的孔径分布，并利用 Seaton（1991）提出的渗流分析得到了介孔连通性（如第 2 章和第 6 章所述）。然后，利用这些数据构建了一个三维的、随机的、由相互连接的圆柱形孔隙组成的立体网络，在这个网络上，他们模拟了在单球反应器中 1，2-二氯丙烷选择性加氢生成丙烷和盐酸的耦合扩散和反应过程。结果表明，为了使预测结果与实验结果相吻合，必须加入可调节的表面扩散系数修正原有的工艺模型。然而，Rieckmann 和 Keil（1999）没有给出他们的原始孔隙结构表征数据，因此无法看到气体吸附和压汞表征中可能出现的各种不确定性和错误。他们为实验数据和模拟结果之间的不一致提供了另一种假设，而不是表面扩散通量。

Chen 等人（2008）使用单立方、光滑圆柱孔隙网络模拟了纳米多孔膜。模型参数包括孔隙键合网络和平均孔隙配位数（连通性）。有人认为，孔隙的形状并不重要，因为分子动力学模拟表明，如果采用合适的平均大小、传递长度和浓度，孔隙中的流体传递几乎不受孔隙形状的影响（Duren et al.，2003）。结果还表明，该网络模型能够成功预测氦氩混合气分离的选择性，前提是具有正确的厚度（晶格尺寸）和平均孔径。Mourhatch 等（2010）研究了类似的膜在不同时期的化学气相沉积后氦氩渗透选择性的变化。该模型合理预测了分离选择性随气相沉积时间的变化。

# 7.5 结论

孔结构表征在催化剂和吸附剂的应用中有许多用途，应用方向不同要求也不一样。催化剂和吸附剂的制备过程通常过于复杂，无法根据原料性质和工艺参数预测最终的孔隙结构。然而，孔隙表征方法可以用来提供孔隙的特征，以便进行对比。

多样的表征方法可以识别影响传质的关键孔隙空间特征。在不使用事后可调参数的情况下，从孔隙结构特征数据对扩散受限的产品性能的准确预测还不能实现。

# 参考文献

［1］ Androutsopoulos GP, Salmas CE（2000）A new model for capillary condensation—evaporation hysteresis based on a random corrugated pore structure concept：prediction of intrinsic pore size distributions. 1. Model formulation. Ind Eng Chem Res 39（10）：3747-3763

［2］ Avery RG, Ramsay JDF（1973）The sorption of nitrogen in porous compacts of silica and zirconia powders. J Colloid Interface Sci 42：597-606

［3］ Balcom BJ, Barrita BC, Choi C, Beyea SD, Goodyear DJ, Bremner SW（2003）Single-point magnetic resonance imaging（MRI）of cement based materials. Mater Struc 36：166-182

［4］ Chen F, Mourhatch R, Tsotsis TT, Sahimi M（2008）Pore network model of transport and separation of binary gas mixtures in nanoporous membranes. J Mem Sci 315（1-2）：48-57

［5］ Duren T, Jakobtorweihen S, Keil FJ, Seaton NA（2003）Grand canonical molecular dynamics simulations of transport diffusion in geometrically heterogeneous pores. Phys Chem Chem Phys 5（2）：369-375

［6］ Hitchcock I, Chudek JA, Holt EM, Lowe JP, Rigby SP（2010）NMR studies of cooperative effects in adsorption. Langmuir 26（23）：18061-18070

［7］ Hollewand MP, Gladden LF（1994）Probing the porous structure of pellets- An NMR study of drying. Magn Reson Imag 12（2）：291-294

［8］ Malik S, Smith L, Sharman J, Holt EM, Rigby SP（2016）Pore structural characterization of fuel cell layers using integrated mercury porosimetry and computerized x-ray tomography. Ind Eng Chem Res 55（41）：10850-10859

［9］ Mantle MD, Bardsley MH, Gladden LF, Bridgwater J（2004）Laminations in ceramic forming—mechanisms revealed by MRI. Acta Mater 52（4）：899-909

［10］ Mayama H, Tsujii K（2006）Menger sponge-like fractal body created by a novel template method. J Chem Phys 125（12）：124706

［11］ Mourhatch R, Tsotsis TT, Sahimi M（2010）Network model for the evolution of the pore structure of silicon-carbide membranes during their fabrication. J Mem Sci 356（1-2）：138-146

［12］ Nepryahin A, Fletcher R, Holt EM, Rigby SP（2016）Structure-transport relationships in disordered solids using integrated rate of gas sorption and mercury porosimetry. Chem Eng Sci 152：663-673

[13] Perkins EL, Lowe JP, Edler KJ, Tanko N, Rigby SP (2008) Determination of the percolation properties and pore connectivity for mesoporous solids using NMR cryodiffusometry. Chem Eng Sci 63: 1929-1940

[14] Prachayawarakorn S, Mann R (2007) Effects of pore assembly architecture on catalyst particle tortuosity and reaction effectiveness. Catal Today 128 (1-2): 88-99

[15] Rieckmann C, Keil FJ (1999) Simulation and experiment of multicomponent diffusion and reaction in three-dimensional networks. Chem Eng Sci 54 (15-16): 3485-3493

[16] Rigby SP, Beanlands K, Evbuomwan IO, Watt-Smith MJ, Edler KJ, Fletcher RS (2004) Nanocasting of novel, designer-structured catalyst supports. Chem Eng Sci 59 (22-23): 5113-5120

[17] Rigby SP, Hasan M, Hitchcock I, Fletcher RS (2017) Detection of the delayed condensation effect and determination of its impact on the accuracy of gas adsorption pore size distributions. Colloids Surf A 517: 33-44

[18] Ruffino L, Mann R, Oldman R, Stitt EH, Boller E, Cloetens P, DiMichiel M, Merino J (2005) Using x-ray microtomography for characterisation of catalyst particle pore structure. Can J Chem Eng 83 (1): 132-139

[19] Salmas CE, Androutsopoulos GP (2001) Pore structure analysis of an SCR catalyst using a new method for interpreting nitrogen sorption hysteresis. Appl Catal A 210 (1-2): 329-338

[20] Seaton NA (1991) Determination of the connectivity of porous solids from nitrogen sorption measurements. Chem Eng Sci 46 (8): 1895-1909

[21] Shiko E, Edler KJ, Lowe JP, Rigby SP (2012) Probing the impact of advanced melting and advanced adsorption phenomena on the accuracy of pore size distributions from cryoporometry and adsorption using NMR relaxometry and diffusometry. J Colloid Interface Sci 385: 183-192

[22] Smith DM, Deshpande R, Brinker CJ, Earl WL, Ewing B, Davis PJ (1992) In-situ pore structure characterisation during sol-gel synthesis of controlled porosity materials. Catal Today 14 (2): 293-303

[23] Timonen J, Alvila L, Hirva P, Pakkanen TT, Gross D, Lehmann V (1995) NMR imaging of aluminium oxide catalyst spheres. Appl Catal A 129 (1): 117-123

[24] Tsakiroglou CD, Burganos VN, Jacobsen J (2004) Pore structure analysis by using nitrogen sorption and mercury intrusion data. AIChEJ 50 (2): 489-510

[25] Wang G, Coppens M-O (2008) Calculation of the optimal macropore size in nanoporous catalysts and its application to DeNO (x) catalysis. Ind Eng Chem Res 47 (11): 3847-3855

[26] Watt-Smith MJ, Rigby SP, Chudek JA, Fletcher RS (2006) Simulation of nonwetting phase entrapment within porous media using magnetic resonance imaging. Langmuir 22 (11): 5180-5188

# 第8章

# 工程地质学中的孔隙结构表征

## 8.1 天然多孔体系的考虑要素

### 8.1.1 地质过程对孔隙结构的影响

与工业材料相比，岩石孔隙结构形成的大部分过程都是天然的，不受人力控制的。岩石的孔隙结构在水的运移和滞留、油气运移和储集、热液系统演化等地质过程中起着至关重要的作用。然而，人工水库等工程的干预，如水力压裂和原位燃烧，也可以改变孔隙结构。因此，孔隙岩石的表征可以用于帮助预测油气生成位置或二氧化碳封存。成岩作用是指岩石经历了地质时代变迁中发生的物理和化学作用。

工业材料能够直接把原材料和制造过程的相关参数与得到的材料孔隙空间的特征参数关联起来，和工业材料一样，地质学的一个关键目标是能把一些地质因素，如矿物粒度、分类、压实度、成岩胶结物的含量和类型等，和岩石的孔隙结构关联起来。掩埋深度就是一个关键因素，它与孔隙度尤其相关，因为覆盖层和温度的增加会促进压实和胶结作用（Lai et al.，2018）。如果与这一总体趋势有偏差则说明有其他操作过程产生了影响（Lai et al.，2018）。

许多岩石都经历了漫长的地质过程，这也意味着，随着时间的推移，岩石的孔隙空间很可能受到了一系列成岩作用而发生改变。成岩作用改性可以改变孔隙的数量和分布，产生一些更小和更不连通的空间。不同类型和程度的成岩作用以不同的方式重塑孔隙空间。断裂和溶蚀作用是孔隙体积增大的主要因素，而胶结作用和压实作用是孔隙体积减小的主要因素。胶结作用会填充孔隙，减小孔隙率，而且会缩小孔颈和降低孔隙连通性使透过率降低。例如，致密砂岩孔隙率的降低是胶结沉积作用的主要结果（Sakhaee Pour et al.，2014）。

有人称，给定一块岩石，岩石所经历过的特殊地质过程可以通过其孔隙特征数据的特定形式表现出来。例如，代表颗粒大小的压汞曲线可能会对岩石中矿物颗粒的分选有特定作用（Lai et al.，2018）。

## 8.1.2　孔类型

地质上的多孔介质中存在着很大长度范围的孔隙，从巨大的断层到微孔隙。然而，本章只考虑岩心以下尺度（即厘米尺度）可能遇到的孔隙。虽然许多新的工业材料中的孔隙空间可以预先设计好，并且可以设计不同的长度尺度的特定孔隙，而由于岩石的非均质性，天然材料有更多的多样性。这也意味着在表征地质介质中用到的孔隙类型的分类方式更多。这是因为特殊的孔隙类型通常与特殊的岩石或矿物种类有关，或者是特定的地质作用的结果。许多岩石具有多模式的孔隙大小分布，其中每种模式都与特定的矿物类型有关。例如，小于 $1\mu m$ 的孔隙通常与黏土有关（Lai et al.，2018）。然而，鉴于天然材料的异质性，对于这类的所有材料还没有一个通用的分类方案。

分类方案可用，必须符合某一类期望的标准。应把常见尺寸范围内的孔隙区分出来。对微孔、中孔和大孔使用的 IUPAC 分类法（第 1 章）就不适用于岩石中的孔隙分类，因为该方法中对大孔分类的孔隙大小范围很大，无法区分岩石中的孔隙（Loucks et al.，2012）。在某些情况下，分类方案应包含孔隙的一些固有特征，如渗透性和润湿性。Loucks 等人（2012）提出，除非有明确独立的数据支持形成机理，否则孔隙分类方案应该只是对孔隙的特征进行描述性的，而不是对孔隙的形成进行解释的。能解释孔隙形成的分类方案包括有机物理法、有机排除法和碳酸盐溶蚀法。

由于页岩气和页岩油开采的发展，对泥岩和页岩的表征近年来变得尤为重要。Loucks 等人（2012）提出了基质孔隙的三方分类方案。其中两类孔隙与无机矿物相有关，一种与有机质相有关。矿物孔分为粒内孔和粒间孔。这两种孔隙类型也与 Sakhaee-Pour 和 Bryant（2014）提出的致密砂岩分类方案一致。这两位研究人员根据粒间孔隙度将致密砂岩分为粒间孔隙为主、粒间和粒内的中间孔隙为主、粒内孔隙为主。

泥岩孔隙的形成既有沉积作用，也有成岩作用。孔隙是经历了多个阶段才形成的，包括初始沉积、压实、胶结和溶蚀过程（Loucks et al.，2012）。粒间孔隙的几何形状很大程度上取决于其经历的过程，包括原始孔隙有多少留存下来和成岩过程对其产生多大影响。在较古老且埋藏较深的泥岩中，粒间孔隙通常在压实作用和胶结作用下大量减少。颗粒间孔隙位于颗粒边缘附近，可能是压实过程中基质与颗粒分离的结果，特别是有机质周围（Loucks et al. 2012）。粒间孔隙最常见于黏粒团聚体之间、黏粒与矿物颗粒之间、韧性黏土与刚性颗粒之间。在砂岩中，石英颗粒表面经常显示有过度生长的涂层，如氧化铁或黏土。砂岩中黏土的存在对孔隙度和渗透率有显著影响。石英本身也会由于过度生长而沉积，从而填充较大的孔隙使其缩小为狭缝/类狭缝的孔隙（Lai et al.，2018）。通常出现在颗粒相接触的地方的孔喉（或孔颈）也有自己的分类方案（Zou et al.，2012；Lai et al.，2018）。砂岩的孔喉道类型包括缩喉状、粒状、片状、弯曲状和管状。例如，原生颗粒间较大的残余孔隙往往由窄颈状和窄片状喉道连接，而粒间和粒内溶蚀孔往往由细管状喉道连接。

颗粒内部出现的孔隙可能是晶粒也可能是晶体。大部分粒内孔隙是成岩作用形成的，也有一部分属于原生孔隙。这种类型的孔隙包括：部分或完全溶蚀形成的印模孔隙；留存下来的化石的内部孔隙；黄铁矿微球粒晶间孔隙；黏土和云母矿物颗粒的解理面孔隙；晶间毛细孔隙（如疗效泥和粪便颗粒）（Loucks et al.，2012）。粒内孔隙在年代较浅的岩石中更为常见。粒内孔隙的形状取决于它们的来源。例如，在黏土和云母中，孔隙呈狭缝状，而印模孔隙则呈现出和其原组分一样的形式。由于腐蚀性流体的冲刷，造成的溶蚀作用也会形成颗粒内孔隙。不稳定长石由于长期明显的溶蚀作用，通常仅剩下长石晶粒骨骼，甚至有时整个晶粒都已被溶蚀掉，只剩下印模孔。黏土矿物中的微孔通常与分子间层孔有关，很难通过除气体吸附法外的其他方法检测到。

镜质组反射率的研究结果表明，当热成熟度达到 0.6% 或以上时，有机质内部就开始形成孔隙，因为低于这一数值的孔隙很少（Loucks et al.，2012）。有机质孔隙通常呈卵形、气泡状，这使得它们在二维剖面图上看起来是孤立的，但在三维剖面图上却显示出连通性。有一定证据表明，有机质孔隙在 II 型干酪根中比在 III 型干酪根中更常见（Loucks et al.，2012）。一些研究人员（如 Chen et al.，2015）认为，相对于矿物伴生孔隙，孔隙形状是有机质孔隙的特征。他们认为，有机质孔隙的横截面通常是圆形或椭圆形的，而矿物伴生孔隙则更像典型的狭缝状。

## 8.1.3 样品示例

这本书涉及的内容仅限于岩心样品的表征，而不是野外田间岩石的表征。即使如此，岩心的直径和长度也是厘米级。工业材料是人工生产的性能均一的产品，而与工业材料不同的是，天然多孔样品往往在长度尺度上具有更大的非均质性，包括从孔隙尺寸到整体岩心尺度。对于前几章中描述的大多数表征方法，对可检测的样品体积都有尺度上的限制。表 8.1 列出了每种表征方法可以测量的典型样品尺度。

**表 8.1　表征方法适用的典型样品尺寸**

| 表征方法 | 典型样品尺寸 |
| --- | --- |
| 气体吸收法 | 0.1~1g |
| 压汞法 | 0.1~1g |
| DSC 热孔法 | 约 3mm 直径碎片 |
| 窄孔液态核磁共振谱仪中的核磁共振法 | 约 4mm 直径碎片至约 1cm 长 |
| 宽径磁体核磁共振成像法 | 厘米级 |
| CXT 法 | 毫米级到厘米级 |
| 显微镜法 | ng 到 g |

为了使岩心转变成适合大多数气体吸附或压汞法的样品形式，必须将整个的样品打碎使其成为薄片状或粉末状。这一操作也引起了一个问题，即样品打碎后得到的颗粒是否与样品原来的颗粒大小不同。对于含有贯通的孤立孔隙的岩石，和含有连通孔隙的岩石一样，将岩心磨成不同粒度，可能会把孤立的孔隙打碎成不同的碎成分。因此，孔隙空间的参数，如表面积（可达的）会随着颗粒尺寸的减小而增大。当颗粒按粒度大小分类时，应注意某些矿物的粒度，如某些特别硬的矿物，并不意味着它们最终都能保证成为同样大小的颗粒，而更脆的矿物破碎后形成的颗粒或碎片尺度分布更广，可能最终会遍布所有尺度。

研究更大的样品通常选用成像法，但需要在样品大小、视场和图像像素分辨率之间寻找平衡。原则上，成像可以在为人体受试者设计的人体扫描仪中进行，但这种扫描仪的分辨率通常是厘米级。用 CXT 进行更高分辨率的成像称为微聚焦成像。成像分辨率的限制可能会使孔隙特征参数的统计结果分布产生偏差，也意味着一些孔隙太小而无法被分辨。例如，CXT 法提供的岩石颗粒的粒度分布平均值数据比显微镜方法测出的数据更高，因为 CXT 会漏掉一些较小的颗粒的结果（Cnudde et al.，2011）。

如第 5 章所述，成像数据能够把相关长度的数据在图像中可视化，如密度或孔隙度数据。相关长度是一种特征长度尺度，超过这个尺度，平均孔隙度或密度的值在平均体积上成为一个常数。因此，为了使结果统计上可靠，建议将相关长度定义为视场必须的最小尺度。不同表征方法取样的尺度也会决定能看到多大的孔隙（Loucks et al. , 2012）。

## 8.1.4　样品制备

如上所述，随着埋藏深度的增加，压力会增加，很多地下的岩石都经历了压实作用。然而，在恢复过程中，由于可能会有破坏或随压力降低产生的简单弹性回弹，岩石都有可能会发生变形。这意味着在深度的原位孔隙结构可能与实验室环境条件下的孔隙结构非常不同。特别是，压力释放通常会导致微小裂缝的裂开的更大（Sakhaee Pour et al. , 2014）。样品从深度转移到实验室的影响取决于所使用的表征技术。例如，压汞法涉及对样品施加各向同性的应力，可能会在汞微粒开始侵入之前导致微裂纹关闭。相反，气体吸附法的压力不高，一般不会导致微裂纹关闭的结果。

许多孔隙表征方法，如显微镜法、气体吸附法和压汞法，在实验开始前都需要一个清洁的干燥表面，以避免由于表面污染物，特别是大气水分造成的人为影响。然而，在冷冻干燥过程中，或在真空下的加热预处理，或在其他气氛下（如氮气）吹扫，都可能使样品发生变化。这是岩石表征中经常遇到的一个特殊问题，特别是那些含有黏土矿物的岩石，因为在黏土矿物夹层之间有可能会有一定湿度（Holmes et al. , 2017）。一旦水分从这些孔隙中排出，岩石结构，就可能会坍塌，孔隙结构被破坏从而无法进入。其他如由于干燥而产生的收缩，或在冻干过程中由于结冰而产生的膨胀，都可能会破坏岩石结构，使其坍塌。然而，为了保持岩石内部的层结构而预吸附的水可能会导致黏土产生超出其自然状态下的膨胀。为了防止出现预吸附水分产生的人为影响，可以采用高压冷冻替代常规的冷冻干燥法（Keller et al. , 2013）。

岩石样品有着高度的化学非均质性，这也意味着在气体吸附过程中，所使用的吸附材料的性质可能影响结果，这可能取决于样品预处理后的性质。例如，页岩可以同时含有有机碳化物和无机矿物两相，且两者都有孔隙。低极性的吸附剂，如环己烷，可以很好地结合在非极性有机碳化物表面，而在极性的无机矿物表面表现出较弱的结合性。相反，像水这样的高极性吸附剂可能会被高极性的无机表面强烈吸引，但被排除在低极性有机碳化物的孔隙之外。也可能有中等极性的分子，如弱四极氮，会在某种程度上与这两种物质表面结合。最常见的例子，如 Remstone 页岩（Rigby et al. , 2020），氮可以用来测量总表面积，而水可以用来测量无机物表面积和环己烷的有机物表面积。在这种情况下，水和环己烷的面积相加就是氮吸附的面积。然而，由于这一结果依赖于三种吸附剂的相对结合亲和力，因为这两种表面都是"刚刚好"的，所以并不总是会得到直接的结果。

就像气体吸附法中选择探针流体时需要仔细考虑岩石一样，低温或热孔隙测定法也是如此。这是因为根据 IUPAC 的定义，岩石通常都有非常大的孔隙，且属于大孔隙范围（>50 nm）。鉴于 Gibbs—Thomson 参数（即孔隙大小和熔点、凝固点衰减之间的比例常数）对于许多常见的探测液体（如水和环己烷）约为 10s K nm，则对典型的小孔隙砂岩储层岩石，其熔点、凝固点衰减会非常小。然而，在已知的探测流体中，是可以同时达到以下目的的：即既可以湿润普通储层岩石，又具有明确的相变，同时还具有足够大的 Gibbs—Thomson 参数，确保热孔测量法可用于大孔隙岩石。这些探针流体包括八甲基环四硅氧烷，其 Gibbs—Thomson 参数为约 140 K nm（Vargas Florencia et al.，2007）。

显微镜下的样品通常被制成抛光的薄片，以便对矿物颗粒进行清晰成像。然而，由于不同矿物颗粒的硬度不同，制备样品时会使表面形貌呈现出不规则性（Loucks et al.，2012）。由于有人为因素的影响，使得在测量中很难得到真实的孔隙图像。通过预注射造影剂（如树脂或低熔点金属合金，如 Wood's 金属）的办法则可以更容易地识别真实的孔隙（Loucks et al.，2012）。另外，离子研磨法也可以减少人为因素的影响，因为它只产生微小的形貌变化。切片表面平整可以对孔隙进行适当的定量和分型。然而，离子束铣削则会产生其他的人为影响因素。例如，岩石样品中含有富含黏土或黏土颗粒较大的基质会脱水并会因为干燥使孔隙收缩。更进一步来说，有可能孔隙内部的研磨材料再次沉积，使识别过程中产生混淆，也有可能产生电流条纹和"幕状"的现象，即形成微小浮雕的线性和燃烧结构，导致人为因素的影响（Loucks et al.，2012）。

# 8.2 预测渗透率、储层产能及束缚流体体积

## 8.2.1 渗透率和储层产能

无序多孔固体的渗透率预测往往基于关键路径理论（Ambegaokar et al.，1971）。这表明，如果多孔介质有对传质的阻力范围很广，且在孔隙空间中随机分布，则整体观测速率将受某一特定的中间阻力控制。这是因为传质通量往往会避开高阻力区域，而容易在低阻力区域传递，这意味着最终控制速度的是中间阻

力。关键路径是通过材料的通道，使传质阻力最小化，因此传质必须通过关键的控制阻力。在多孔固体中，质量运输阻力与孔隙大小成反比，如努森扩散系数与孔隙大小成正比。对于致密储层岩，已发现其克林肯伯格（Klinkenberg）（渗透率与最大孔隙的平方有很强的相关性（Lai et al.，2018）。

在侵逾渗流过程中，控制传质的关键通道孔隙大小与渗流阈值趋于一致。这是因为在每种情况下，关键孔隙尺寸是沿着材料的一边到另一边（或到中心）的路径中所通过的最小尺寸。这意味着基于入侵逾渗过程的表征方法，如压汞法和气体解吸法，都可以用来测量关键路径理论的孔隙大小。因此，压汞法渗流阈值的孔隙大小是许多相关系数中用来确定渗透率的一个关键参数，如 Katz 参数和 Thompson 参数（1986）。然而，如第 3 章和第 6 章所示，渗流阈值与孔隙网络的连通性相关，渗透率的值通常需要通过弯曲度校正因子来纠正实际的孔隙结构与理想的、均一的完全随机孔隙之间的偏差。假使不同的岩石类型与理想的网络结构有不同程度的偏差，根据形成机制的不同，每种岩石往往会有不同的弯曲系数。

由于预测传递过程需要空隙的空间连接情况以及孔径大小，则只研究二维（2D）抛光薄层的部分就不能提供所需的必要信息（Cnudde et al.，2011）。连续切片结合图像分析重建三维（3D）结构的方法将提供更多关于空间连接的信息。然而，连续切片忽略了剖面之间的孔隙。如果孔隙的特征尺寸高于较低分辨率成像的限制。3D CXT 或 MRI 法可以提供所需细节。

储层的产能取决于孔隙网络的渗透性和可达性，以及通过岩石的连通通道的流动特性。这些通道包括裂缝和基质孔隙。能够将这些通道图形化的方法，如压汞法和 CXT 法的结合，以及整合后可直接评估通道传递性质的方法，如气体吸附速率法，对于理解影响因素尤其有用（Nepryahin et al.，2016a，b）。该方法表明，如图 8.1 所示，页岩中能被汞填充的孔隙的引入，可以使页岩中气体质量输送增加约 1000 倍（Rigby et al.，2020）。

## 8.2.2 束缚流体体积

石油采收率分为一次采收率、二次采收率和三次采收率。一次采收率是由于储层的自然压力将石油推到地面得到的采收率。一旦自然压力消失，为了能够继续生产，就必须注入气体或液体来代替自然压力。这种注入盐水迫使油喷到地面的采油形式就是二次采油的一种。理想的情况下，注入的卤水就像注射器中的柱塞一样，将所有的油推入生产井。然而，在实际情况中，卤水可能会"超过"

（a）表面的汞　　　　　　　（b）内部捕集汞的全3D分布图

（c）门控2D CXT切片重建图　　（d）图（c）切片捕集汞的2D空间分布图

图 8.1　a 压汞法处理后的页岩薄片 3D CXT 重建图

转载自 Rigby et al.，2020 年，经知识共享 CC-BY 许可。

石油，先到达生产井，而把石油留在后面。不幸的是一旦注入的卤水找到了从注入点绕过石油到达生产井的路线，随后的操作中它就会一直沿着这条路线流动，石油产量就会下降并结束生产。原始油品中作为残余油留在原地的部分称为束缚总流体体积（BVI）。能够被推动和生产的石油的部分是自由流体体积（FFI）。

砂岩中的油通常是一种非润湿流体，就像汞对大多数物质不能润湿一样。因此，人们发现，孔隙度测定后样品中捕获的汞含量与 BVI 值相对应（Appel et al.，1998）。这是因为物理过程的类型，如同半月面的断裂，会捕获汞，也会导致水绕过油。

此外，如第 3 章所述，空隙的连通性影响汞的诱捕水平，连通性较低导致诱捕水平较高。正如第 5 章所讨论的，脉冲场梯度（PFG）NMR 可以测量流体在空隙中的自扩散率，并且扩散率随着连通度的增加而增加。因此，如果测量储层岩石中流体分子（如卤水中的水）的自扩散系数，通常会发现扩散系数存在变化，该变化可以模型化为一个双峰分布。慢速流动的成分（低扩散系数）在这种情况下，其分率与 BVI 相对应（Appel et al.，1998）。进一步来讲，如果测量多孔岩石内的流体（通常也是盐水）的自旋—自旋弛豫时间（$T_2$）分布，而且如果有一个低 $T_2$ 的拖尾，那么该相的体积分数也通常与 BVI 相对应（Appel et al.，1998）。用 $T_2$ 中的截止值来确定尾部是从对许多相似类型的岩石中进行一系列试验后的经验值中得到的。

# 8.3　多尺度、分级的多孔结构表征

## 8.3.1　分形与多重分形模型

　　岩石的高度复杂性意味着需要能够描述这种复杂性的数学工具。通常，表面上的非均质性下隐藏着潜在的有序性。分形是一种具有自相似特性的物体，这意味着它们由一个模板的重复副本组成，而这个模板的重复副本的长度尺度是越来越小的。这种自相似性是精确的，如在像科赫曲线（图 8.2）这样的对象中，或者在统计基础上。科赫曲线由一个基本的母线形状组成，每一代母线的大小减小一个公因子。大多数天然材料都是统计类型的分形。相比像平面或立方体这样的 Euclidean 形状，分形的另一个基本性质是其关键几何特征，如表面积，会随测量尺的大小而变化。对于分形来说，物体的被测表面积 $A$，对于整体的线性测量尺寸 $r$ 来说，遵循 $r$ 尺度大小的幂律，即：

$$A \propto \left( \frac{R}{r} \right)^{D} r^{2} \qquad (8.1)$$

　　式中：$D$ 为分形维数。式（8.1）中的比例常数被称为空隙度，它取决于形状，对于均匀的圆形来说，应等于 $\pi$。在平滑平面的 Euclidean 形状中，$D$ 等于 2，表明它是二维的。在式（8.1）中，当 $D = 2$ 时，$r^{2}$（标尺或码尺尺寸）项的分子和分母互相抵消，从而得到欧几里德平面几何的结果。对于较为粗糙的表面，当表面不规则性延伸到第三维时，$D$ 将大于 2。对于高度不规则、粗糙的体积充满的填充面，$D$ 可以取 3。除表面积外，物体的质量或体积也可以是分形的，其质量或体积不同于普通的 Euclidean 三维立体形状的结果，其中涉及 $\sim R^{3}$ 比例。

　　理想状态下，数学分形下的表面积在从无限小到无限大的所有长度尺度上都遵循式（8.1）。然而，对于实际物体，分形行为的范围被限制在两个有限的长度尺度截断之间。对于真实物体，分形行为的上长度尺度截点对应于一个相关长度，超过这个相关长度几何参数就变成欧几里德，不再依赖尺子的长度。较低的长度尺度截止点通常对应于组成较大长度尺度结构的初级粒子的大小，这类似于图 8.2（a）中的基础母线的形状。

　　天然材料（如岩石），在其形成过程中经历的不同的时间形成的长度尺度不

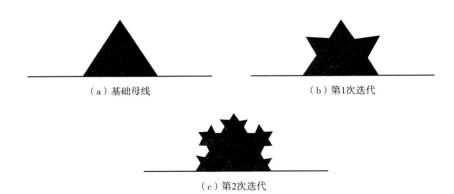

（a）基础母线　　　　　　　　　（b）第1次迭代

（c）第2次迭代

图 8.2　科赫曲线

一样，因此不同的长度尺度也会产生不一样的几何行为。例如，岩石可能由具有粗糙表面分形的原始颗粒形成。这些原始颗粒可能聚集在一起，形成具有内部空隙的沉积岩基质，这种空隙由颗粒之间的空隙形成，这就是分形。岩石也可能在空间排列上，也是分形的裂缝网络穿透。原始颗粒的表面分形性必须有一个颗粒大小的上限。基质孔隙网络体积的分形性也会在少数原始颗粒直径上有个上限，这里孔隙网络的分形性可以从最大孔隙尺寸到一直到面的尺寸。由不同长度尺度范围内的不同分形尺度域组成的结构称为多重分形。

多重分形模型被用来表征不同类型岩石中不同程度的非均质性，并起到指纹图谱的作用。在极少数情况下，特定的分形维数与特定的形成机制有关，或者特定类型的分形给出特定的分形维数，例如 Menger 海绵的质量分形维数为 2.72（Avnir，1989）。岩石的表面分形维数通常由孔隙大小分布的变型得到表达式（Pfeifer et al.，1983）：

$$-\frac{\mathrm{d}V}{\mathrm{d}r} \propto r^{2-D} \tag{8.2}$$

式中：$V$ 为大于半径 $r$ 的孔隙的比孔隙体积。式（8.2）或其整体变型，通常是为了适应孔隙大小分布。

然而，在拟合多重分形模型时存在许多问题。在最不受约束的方法中，不同长度尺度上改变分形维数会产生一组附加的自由参数，其形式为每个分形区域之间的长度尺度界限。必须记得，任何曲线最终都可以拟合成一系列不同的直线。因此，为了使多重分形模型具有合法性，拟合过程必须严格符合统计学上的规律，并且必须使用标准的统计准则来定义合理的直线拟合。如果不能保持统计的严谨性，那么拟合过程就会变得主观，而得到的分形维数和边界值的结果将是人为的。即使在保持统计严格性的情况下，对于不同的分形区域的边界值也应该被认为是独立实验的假设。如上所述，区域边界应对应于系统的一个物理方面，如原始颗粒的总体粒度，这可以通过使用其他结构表征方法的数据来验证，如显微镜对传质过程的影响（Rigby，1999）。通常认为，为了使分形尺度具有物理意义，它必须在长度尺度上扩展至少一个数量级的变化（Watt - Smith et al.，2005）。例如，为了使分型尺度体系合理化，Pfeifer 等（Pfeifer，1984；Pfeifer et al.，1983）制定了最小长度尺度边界的准则。特别地，对于用于满足最小自相似性条件（或排除非经常性不规则性）的尺度，则 $r_{max}^2 / r_{min}^2 > 2$。此外，他们还提出了一种不可改变的尺度，总的长度尺度边界值如下：

$$\frac{R_{max}}{R_{min}} = \left( \frac{r_{max}^2}{r_{min}^2} \right)^{1/2} \tag{8.3}$$

## 8.3.2　过凝析法

压汞法受欢迎的原因之一是它是为数不多的仅通过一次实验就能探测到 $100 \mu m$ 到纳米长度范围的技术之一。然而，如第 3 章所述，气体吸附中的过凝析方法也可以探测大孔隙度。它的优点是探测纳米孔隙度不需要 400 MPa 的高压，从而降低了样品破碎的风险。

天然气过凝析方法表明，常规的天然气吸附实验往往会忽略页岩中存在的大量大孔隙，如图 8.3 所示。超冷凝边界处（实线）开始的扫描回路的吸附扫描上升曲线（相对压力 0.6 和 0.8 时开始）和相应的解吸下降曲线（下降箭头所示），热化学处理的 Rempstone 页岩样品（填充环）的常规等温线。图 8.3 表明，过凝析既能探测大孔隙度，也能探测微孔隙度。边界过冷凝解吸曲线也允许使用上升气体吸附扫描曲线来探测孔隙形态。特别是，即使是在页岩中看到的非常宽的滞后现象，穿过上升扫描曲线，也表明在显微镜数据中存在有机质的大孔隙和窄窗口（Rigby et al.，2020）。传统等温线滞后环的形状可能导致狭缝形孔隙的出现（Gregg et al.，1982），也忽略了大量的孔隙度，过凝结等温线表明这种形状是错误的，因此从它得出的推论是有缺陷的。

## 8.3.3　多尺度成像

岩石所经历的形成和成岩过程意味着它们的结构通常在很大程度上是非均质的，从储层到分子尺度，甚至从岩心尺度向下。虽然一些间接表征方法，如压汞法，可以探测这些长度尺度范围的很大一部分（孔隙度测量范围从 $100 \mu m$ 到纳

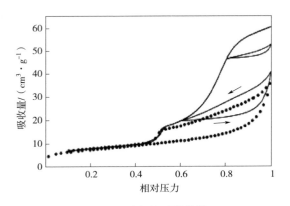

图 8.3　页岩的吸附曲线

转载自 Rigby et al.，2020 年，经 CC-BY 知识共享许可。

米尺度），但通常需要多种成像方式直接进行表征（Saif et al.，2017）。三维透射电镜（又称电子断层扫描）和双束显微镜可以探测到纳米尺度的长度，但样品体积和视场在该分辨率下限制在 100nm 或几微米。因此，显微镜检查方法经常与 CXT 方法相结合，它探测的长度范围更大，从 100nm 到岩心的尺度，尽管多个 CXT 成像的不同分辨率可能需要桥接整个范围。自动化的图像采集方法已经开发出来，例如，在低分辨率成像的更广的视场内，在高分辨率下可以精确地找到视场的特定位置。作为首例的就是，用于获得纳米级 FIB/SEM 图像的沟槽可以位于更宽视野的 SEM 图像中（Saif et al.，2017）。

如果小尺度成像的视场与下一个较大长度尺度的结构中的绝对相关长度相差甚远，则有必要在大尺度图像中识别所有统计学上不同的特性和多样性问题，并将这些不同在第一级的长度尺度上样本化，如已知个体参数的多样性就能将其融入高一级的长度尺度表达法中（Ma et al.，2019）。由于在较低的长度尺度上可能会出现大量不同的区域，有可能不能在较小的尺度上对每个不同的多样性区域成像。在这种情况下，就需要一些假设条件将大尺度特征类型（如特定粒度类型）按照具有相似属性的单一相分组，以减少所需的信息量。然后，这些相就能在大尺度图像中识别出来，并能从较低长度尺度的采样过程中分配代表性参数。这一过程需要某种统计测试，以确保所选择的参数是代表群体的。

然而，当多样性程度很大，以至于单靠多尺度成像无法完成时，就需要另一种策略。特别是在试图理解结构—传输关系时，替代的方法是采用现象学的"过滤"来识别控制质量传输的空隙空间的关键点。这种方法可以逐步去除空隙空间的不同子集，评估它们对传质的影响，从而确定特定空隙空间特征的相对重要性，如特定尺寸范围内的孔隙。这种方法可以用各种实验技术来实现。气体吸附综合速率和压汞法测孔隙率是将汞包裹在更小的孔隙中，以确定低压气体吸收过程中它们对努森扩散的重要性（Nepryahin et al.，2016a）。使用核磁共振冷冻扩散法实施该策略时，首先需要探针流体完全冷冻的样品。探针液在越来越大的孔隙中逐步熔化，并在每个阶段通过 PFG 核磁共振测量分子自扩散率的增加（Nepryahin et al.，2016b）。通过提供所研究的孔隙空间的特定子集的空间映射，成像仍然可以增强这些实验技术，如图 8.1 中页岩样品中包含汞的特定大孔隙所示。

## 8.4　结论

可以看出，有些特殊的考虑更适用于特定地质条件中，而不适用于一般样品。特别是，地质样品对样品制备提出新挑战，同时通过成像技术获得统计学上具有特征的数据也面临新问题。

# 参考文献

[1] Ambegaokar V，Halperin BI，Langer JS（1971）Hopping conductivity in disordered systems. Phys Rev B 4：2615-2620

[2] Appel M，Stallmach F，Thomann H（1998）Irreducible fluid saturation determined by pulsed field gradient NMR. J Pet Sci Eng 19（1-2）：45-54

[3] Avnir D（ed）(1989) The fractal approach to heterogeneous chemistry. Wiley，New York

[4] Chen Y，Wei L，Mastalerz M，Schimmelmann A（2015）The effect of analytical particle size on gas adsorption porosimetry. Int J Coal Geol 138：103-112

[5] Cnudde V，Boone M，Dewanckele J，Dierick M，Van Hoorebeke L，Jacobs P（2011）3D characterization of sandstone by means of X-ray computed tomography. Geosphere 7（1）：54-61

[6] Gregg SJ，Sing KSW（1982）Adsorption，surface area and porosity. Academic Press Inc，London

[7] Holmes R，Rupp EC，Vishal V，Wilcox J（2017）Selection of shale preparation protocol and outgas procedures for application in low-pressure analysis. Energy Fuels 31：9043-9051

[8] Katz AJ，Thompson AH（1986）Quantitative prediction of permeability in porous rock. Phys

Rev B 34 (11): 8179-8181

[9] Keller LM, Schuetz P, Erni R, Rossell MD, Lucas F, Gasser P, Holtzer L (2013) Characterization of multi-scale microstructural features in Opalinus clay. Micropor Mesopor Mater 170: 83-94

[10] Lai J, Wang G, Wang Z, Chen J, Pang X, Wang S, Zhou Z, He Z, Qin Z, Fan X (2018) A review on pore structure characterization in tight sandstones. Earth Sci Rev 177: 436-457

[11] Loucks RG, Reed RM, Ruppel SC, Hammes U (2012) Spectrum of pore types and networks in mudrocks and a descriptive classification for matrix-related mudrock pores. AAPG Bull 96 (6): 1071-1098

[12] Ma L, Dowey PJ, Rutter E, Taylor KG, Lee PD (2019) A novel upscaling procedure for characterising heterogeneous shale porosity from nanometer-to millimetre-scale in 3D. Energy 181: 1285-1297

[13] Nepryahin A, Fletcher R, Holt EM, Rigby SP (2016a) Structure-transport relationships in disordered solids using integrated rate of gas sorption and mercury porosimetry. Chem Eng Sci 152: 663-673

[14] Nepryahin A, Fletcher R, Holt EM, Rigby SP (2016b) Techniques for direct experimental evaluation of structure – transport relationships in disordered porous solids. Adsorption 22 (7): 993-1000

[15] Pfeifer P (1984) Fractal dimension as working tool for surface-roughness problems. Appl Surf Sci 18: 146-164

[16] Pfeifer P, Avnir D (1983) Chemistry in noninteger dimensions between two and three. I. Fractal theory of heterogeneous surfaces. J Chem Phys 79 (7): 3558-3565

[17] Pfeifer P, Avnir D, Farin D (1983) Scaling behavior of surface irregularity in the molecular domain: from adsorption studies to fractal catalysts. J Stat Phys 36 (5/6): 699-716

[18] Rigby SP (1999) NMR and modelling studies of structural heterogeneity over several length-scales in amorphous catalyst supports. Catal Today 53: 207-223

[19] Rigby SP, Jahan H, Stevens L, Uguna C, Snape C, Macnaughton B, Large DJ, Fletcher RS (2020) Pore structural evolution of shale following thermochemical treatment. Mar Pet Geol 112: 104058

[20] Saif T, Lin Q, Butcher AR, Bijeljic B, Blunt M (2017) Multi-scale multi-dimensional microstructure imaging of oil shale pyrolysis using X-ray micro-tomography, automated ultra-high resolution SEM. MAPS Mineral FIB-SEM, Appl Energy 202: 628-647

[21] Sakhaee-Pour A, Bryant SL (2014) Effect of pore structure on the producibility of tight-gas sandstones. AAPG Bull 98 (4): 663-694

[22] Vargas-Florencia D, Petrov OV, Furó I (2007) NMR cryoporometry with octamethylcyclotetrasiloxane as a probe liquid. Accessing large pores. J Colloid Interface Sci 305 (2): 280-285

［23］Watt-Smith M，Edler KJ，Rigby SP（2005）An experimental study of gas adsorption on fractal surfaces. Langmuir 21（6）：2281-2292

［24］Zou C，Zhu R，Liu K，Su L，Bai B，Zhang X，Yuan X，Wang J（2012）Tight gas sandstone reservoirs in China：characteristics and recognition criteria. J Pet Sci Eng 88-89：82-91